Couverture supérieure manquante

Au Pays Bleu

(PROVENCE ET CORSE)

LIRE DU MÊME AUTEUR

Au Pays Latin (DES ALPES AU VÉSUVE).

POUR PARAITRE SUCCESSIVEMENT

Au Pays Alpin (D'AIX A AIX).

Au Pays Arabe (DE TLEMCEN A TUNIS).

Au Pays Breton (DE SAINT-MALO A SAINT-NAZAIRE).

Au Pays d'Oc (DU MONT-DORE A LA BIDASSOA).

Au Pays Rhénan (DE BALE A COLOGNE).

Aux Pays-Bas (DES ARDENNES AU ZUIDERZÉE).

Au Pays des Lacs (DU RHIN AU RHONE).

Au Pays des Toros (ESPAGNE ET PORTUGAL).

Au Pays des Volcans (DE MALTE AU VÉSUVE).

Au Pays du spleen (GRANDE-BRETAGNE ET IRLANDE).

Voyages en tous Pays

AU

Pays Bleu

(PROVENCE ET CORSE)

PAR

ARMAND GRÉBAUVAL

PARIS
ANCIENNE LIBRAIRIE FURNE
COMBET ET Cie, ÉDITEURS
5, RUE PALATINE, 5

Au Pays Bleu

I

LE TRAIN N° 7

Un coup de trompe, le train part, c'est comme si l'on quittait Paris dans un sommeil. Ces express sont surprenants, moins rapides peut-être que ceux du Nord, mais très agréables, avec leurs wagons à cabinets de toilette, plus personnels que ceux à couloir. On y peut fumer une cigarette, prendre une bouffée d'air, se mouvoir et réagir, sans que hurlent vos voisins. Les miens restent muets, enveloppés dans des couvertures. Une femme, le chapeau enlevé, quelque Anglaise entre deux âges, s'est enfoncée, dès le quai, entre deux élèves-officiers de l'école de Lyon. Je regarde par la portière.

Il pleut, il pleut!... D'une obstination imbécile, l'ondée ne capitule pas depuis trois mois. Les campagnes, noyées d'ombre, rayées de chemins boueux, passent. J'y distingue à peine des gares humides. Ainsi s'en va la banlieue, puis Fontainebleau, puis Moret. Nous roulons maintenant à travers de vastes espaces sans lune, que trouble par instant la rumeur d'une rivière enflée. Il n'y a qu'à dormir aussi.

Vous connaissez cela : sous la lampe emmaillotée, le voyageur se tourne, s'agite, cherche son nid, besogne énervante. Les yeux restent ouverts. Puis on perd peu à peu connaissance, et, sous les paupières closes, passent des lueurs indécises, qui rendent incertaine la pensée.

Où irait-elle, sinon là-bas?

Depuis plusieurs années, j'accomplis ce même parcours, sans me lasser, régulièrement. La première fois, il me fallut violenter mes habitudes de Parisien endurci, qui ne croyais pas aux belles choses lointaines, surtout à l'époque d'hiver, si délicieuse au coin du foyer, dans la tiédeur du *home*, variée de soirées théâtrales, de dîners amicaux, de relations et de distractions. Bah! le Midi devait se vanter, trop popularisé par des Félibres. J'y suis allé, j'en suis revenu, j'y retourne toujours.

Octobre est mélancoliquement doux, novembre amuse par ses frimas clairs, mais décembre emmitoufle de brume la cité boueuse. Sur les boulevards, des nappes électriques percent à peine le voile. La semaine de Noël déborde d'une gaieté brutale et saucissonnière. Le 1er janvier vous achève, avec l'exaspération de ses devoirs, de ses compliments, de ses mensonges. Aussitôt je boucle ma valise, afin de me retremper dans la bonne lumière.

Les uns s'y précipitent, appelés par les courses. D'autres, s'ils sont badauds, s'y déversent, mobilisés par l'avis du Carnaval. Moi, j'y vais, parce que cela me plaît, tout simplement, sans jamais interroger les feuilles de sport ni guetter les échos de la folie classique.

Au plus m'avouerais-je conquis par les belles affiches tentatrices, que nous promènent sous le nez les fourgons du P.-L.-M.; mais ce serait un rappel, le sourire de l'ami qui ne veut pas être oublié, l'attirance périodique et inévitable.

Enfin j'aime ce « rapide ». En treize heures, il vous jette de Paris sur Marseille. A peine a-t-on le temps de secouer ses chaussures boueuses, que déjà la féerie vous enveloppe. On part, délicieusement certain d'arriver, avec la clarté de l'aube, la clarté tremblante et douce, où le bleu du ciel est plus délicat, plus intime, plus attendrissant. Cela vaut bien l'ennui de lutter contre les désagréments de la surcharge, car on s'ébranle presque toujours au complet.

Laroche, Dijon, Mâcon, intermédiaires, étaient voués au bouleversement des bouillottes. Quelqu'un, Alphonse Allais, je crois, imagina pour l'été la création de « grelottes », qui donneraient le froid aux gens que ces affreux cylindres d'eau tiède sont censés réchauffer, en plein hiver. Par bonheur, les ingénieurs inventèrent le thermo-siphon, calorifère automatique, dont les tuyaux entretiennent une température de serre dans les compartiments, et qui fonctionnait depuis des années, jusqu'en deuxième classe, sur les réseaux étrangers.

Bientôt la chaufferette, par qui je n'ai jamais éprouvé l'envie de m'arrêter dans aucune des villes que je traverse, ne sera plus qu'un souvenir, rappelant les courants d'air nocturnes, qui me firent mépriser la Champagne et la Bourgogne.

Je ne cherche même plus à percer les ténèbres, tandis que la locomotive, une de ces machines à coupe-vent, dont la cheminée basse couronne une façon d'éperon en bec de perroquet, file, siffle, remonte la Seine et l'Yonne, longe des coulées blanches, traverse le tunnel de Blanzy au départage des bassins, entre dans celui de la Méditerranée, descend la vallée de la Saône, coupant le bruit de la marche par des appels de sifflet brusques, car elle commande en maîtresse et n'a pas le temps de discuter aux disques ni aux bifurcations avec les pauvres trains-omnibus ou de marchandises rangés devant elle.

L'été, ces coteaux sont verdoyants, semés de villas coquettes. On y goûte une joie suburbaine et innocente. Les chalands, le long de la rivière laborieuse, évitent avec tranquillité les lourds trains de bois, aidés d'une voile, pareils à des radeaux de naufragés. En ce moment, tout dort, délayé, inondé, embrouillé. La seconde ville de France vous laisse aussi indifférent que le moindre hameau de la route.

Lyon-Perrache, treize minutes!... Pour quoi faire?... Il est quatre heures du matin. De rares visages se promènent sur le trottoir, emmitouflés, ridicules, sous des calottes à oreillettes. Ils vont, viennent, tuent le temps. A travers le hall, un souffle brumeux glace ces péripatéticiens. Je me demande ce que nous faisons.

Le train 7, comme le train 9 qui le suit, est bondé de boulevardiers ou d'étrangers, qui tous courent là-bas. Les Lyonnais en possèdent de plus commodes. Cette halte reste simplement un hommage rendu, qu'on devrait réserver pour une meilleure saison.

Mais les portes se referment, les voies se rouvrent, nous reprenons notre bercement. Il me semble que j'ai traversé la ligne de démarcation. Derrière moi, le Nord s'est évanoui.

A droite, par instant, un grondement énorme s'élève du Rhône qui déborde, écume, forme torrent. Nous le longerons ainsi, roulerons côte à côte, atteindrons ensemble la grande bleue. Vienne creuse un trou vers cette onde verdâtre, agitée comme une mer, battant les quais, au pied des maisons grises. L'horizon reste chargé d'encre, quoique rien ne tombe plus du ciel. Une vague aurore point. Des ponts suspendus passent sur la rive opposée, où s'estompent les falaises du Plateau central. On ralentit, traverse l'Isère toute alourdie des neiges dauphinoises, entrevoit les châteaux de Crussol et d'Esguilles, stoppe dans une vaste gare.

— Valence! Valence!...

Et, sur le quai, les garçons crient :

— Café noir, café au lait, chocolat, thé!...

La café au lait de Valence, c'est la bienvenue trop hâtive, car il n'est pas encore six heures du matin. Il sent déjà l'ail et la violette. Celui d'Avignon respirera la Provence toute entière, et videra les compartiments encore cadenassés.

II

A TOUTE VITESSE

— Voyageurs pour Avignon, Tarascon, Marseille, Nice !...

Les lèvres sont-elles essuyées, les tasses restituées, les buffetiers réglés ?... Je ne sais. On se réemprisonne, dans les boîtes à touristes, couvertes de la poussière des provinces traversées : Brie, Champagne et Bourgogne. D'autres, par derrière, nous pressent, nous chassent, nous écraseraient. Je me souviens d'une catastrophe, survenue ici, parce que l'un des deux « rapides » s'était laissé rattraper par l'autre. Dame, il faut une marche serrée, afin de faire se suivre ainsi, à la même vitesse, durant 800 kilomètres. Saluons les braves gens, silencieux, qui factionnent au pied de ces potences laides, et en agitent les bras.

Le sémaphore constitue l'unique sauvegarde de toutes ces existences oisives, confiées insouciamment aux machines à nez d'oiseau.

Les gares passent, avec les cabanes des veilleurs. Livron détache deux embranchements, celui de droite vers la Voulte, par-dessus le fleuve ; celui de gauche vers Die, jusqu'à Briançon. La Drôme glisse sous nos pieds ; le château de Condillac rappelle des eaux minérales ; les rochers de Rochemaure évoquent les Cévennes. Un grand bâtiment, où nous ralentissons, me permet de lire : Montélimar.

De la cité ancienne reste un castel aménagé en prison, avec une chapelle romane à trois nefs et une tour du XIVe siècle. De la terrasse, on embrasse la vallée et les crêtes d'en face. Les anciens remparts, dont quatre portes demeurent, sont devenus des boulevards familiers. Une avenue mène aux sources de Bondonneau, déjà connues des Romains, et un tramway à Dieulefit, nid de protestants, au pied du mont Dieu-Grâce, à l'ouverture de la gorge du Jabron, en plein site sauvage. Mais ce n'est assurément pas à tout cela que nous songerions, si nous en avions le loisir.

Ceux-ci achèteraient du nougat, et ceux-là, dédaignant la maison de Diane de Poitiers, demanderaient celle de M. Emile Loubet.

Maintenant la clarté s'élargit, à mesure que la vallée se resserre. Le fleuve gronde davantage, entre ses falaises. Les montagnes du Vivarais barrent l'ouest. Nous pénétrons en un défilé grandiose, collés au flanc par les flots tumultueux, qui se heurtent, qui mordent la digue du chemin de fer, qui sont formidables. Un pont suspendu tremblote là-dessus, grêle. Au fond, je vois du bleu, vers lequel nous hâter, le long du petit canal de Donzère, créé par Louis XIV, continué en 1883, que sépare du lit du Rhône un remblai de grosses pierres.

A droite, sous les rocs, sur un roc, une ville bizarre s'est accrochée, couronnée d'une cathédrale, Viviers, desservie par la ligne de Lyon à Nîmes, dont une fumée blanche marque l'emplacement, parmi les éboulis.

A gauche, où des « à-pic » nous repoussent, s'ouvre la grotte de la Baume-des-Anges, s'étage Châteauneuf-du-

Rhône, se montrent les ruines du château de Montpensier.

C'est le « Robinet du Rhône », seuil de la Provence, dont nous débouchons en plein soleil, un soleil qui dissipe les nues, pompe les marécages de l'inondation, ne veut pas qu'on l'ignore.

Les portières s'ouvrent, les vitres s'abaissent, l'air pur du matin pénètre, la vie grouille peu à peu dans le train ensommeillé.

— Monsieur, me dit la vieille Anglaise, maîtresse d'un coin, que lui abandonnèrent à Lyon les deux élèves-officiers, fermez la fenêtre.

— Madame, vous ouvrez bien la vôtre.

— J'ai besoin de respirer.

— Moi aussi.

Vlan ! je venge Fachoda. Elle attrapera une bronchite, ou elle me laissera jouir à mon tour du paysage, des premières maisons peintes, des premiers oliviers, de toute cette jolie nature, un peu frisquette, si lumineuse déjà.

Donzère fut une forteresse des évêques de Viviers, qui garde sa physionomie moyen âge, en partie, au pied du Navon. Quinze kilomètres la séparent d'Aiguebelle, et dix-huit de Grignan. Aiguebelle, où fut le puissant monastère d'Othon de Frisingue, possède aujourd'hui une « Trappe » riche, ferme-modèle et chocolaterie. Grignan, fief des Adhémar de Monteil, puis comté de Grignan, n'est plus qu'une ruine exquise, en partie restaurée, où un parterre rayonne de fleurs étrangères, et autour de laquelle erre l'ombre précieuse de Marie de Rabutin-Chantal, marquise de Sévigné, dont la Révolution faillit disperser la dé-

2

VUE DE GRIGNAN.

pouille. Qu'importe à l'Anglaise qui craint l'air, mais seulement par la portière d'en face?

Ayant fermé la sienne, elle la rouvre, dès que je redresse la mienne, pour la rabaisser, sitôt que je recommence. Elle est entêtée; toutefois, elle ne me découragera point facilement. Elle s'avoue vaincue après Pierrelatte, illustré par le buste de Madier de Montjau, auquel Bourg-Saint-Andéol s'est empressé d'ériger une statue, sur la rive opposée, puisque ce tribun vénérable, enjambant le Rhône d'un geste, enthousiasma tour à tour « Dromadaires » et « Ardéchiens ».

Près de là, mon « Joanne » signale Saint-Paul-Trois-Châteaux, où Restitut, aveugle-né, guéri par Jésus, serait venu planter la Croix, en *Augusta Tricastinorum*.

Les mûriers se multiplient. La Bollène, ville usinière, fut auparavant ville romaine, que les Papes estimèrent, que le temps respecta. Elle perdit la clientèle de Nyons, depuis qu'un railway la dessert par ailleurs. Plus loin, Mornas fut le berceau de la famille de Luynes, et Piolenc est resté un prieuré de Cluny. Réellement, il y a des minutes où on regrette d'arpenter ainsi les kilomètres, afin d'arriver plus vite.

Combien de choses à voir, en France, de coins merveilleux, d'objets à détailler, de bourgs historiques !... Le Progrès a du bon, oui, certes; mais il présente quelques inconvénients. Sans ces trains-éclairs, nous prendrions la diligence, ou le « coche d'eau », et rien ne nous échapperait, de cette province que nous traversons comme le vent du Nord, faisant plier les oseraies au souffle de notre marche enragée.

Les pierres y sont éloquentes, les oliviers tordent leurs bras vers nous, les torrents bondissent sur des lits de pierrailles, et les femmes sourient à ces passants fous, qui montrent des visages ridicules et grimaçants, tels des damnés auxquels on ferait traverser le Paradis, avant de les précipiter en Enfer.

Encore un nom sur une gare : Orange.

Je te salue au vol, vieille ville où chaque peuple marqua son empreinte, où j'ai éprouvé une des plus vives impressions d'Art pur de mon existence lunatique et vagabonde.

III

LE BAYREUTH FRANÇAIS

J'y fus en août 1897, aux fêtes d'inauguration du Théâtre Antique. M. Félix Faure était sur l'affiche, cheminant de Valence à Modane, après hommage au talent sculptural de Mme la duchesse d'Uzès. Les Félibres utilisèrent l'occasion de montrer leur vitalité. Mais il y avait surtout la chose en soi-même, la chose nouvelle pour moi, qui allait me parler à l'oreille.

On en sait l'origine.

Orange fut une cité puissante et riche. Les Gaulois la nommaient *Arausio*, capitale des Cavares, de la source d'Araïs. Annibal dut la prendre, et les Romains la conquérir. Sous ses remparts, les légions furent taillées en pièces par Cimbres et Teutons. Puis Auguste l'aima, la para, la classa.

De lui à Charlemagne, tous les Barbares l'ont mutilée : Alamans, Visigoths, Burgondes, Francs d'Austrasie et Sarrasins d'Afrique. Ses comtes devinrent des princes, et ses princes des rois. Ils régnèrent en Angleterre et trônent encore en Hollande. Le traité d'Utrecht nous l'a donnée seulement en 1713, quoique Louis XIV l'eut prise en 1660. Ce fut alors que, ayant rasé le château, ruiné les fortifications, le Roi-Soleil s'arrêta devant le Théâtre-Romain, exploité comme une carrière par Maurice de Nassau, massacré, dénaturé.

Le Roi-Soleil s'écria :

— Voici la plus belle muraille de mon royaume !...

Ne remarqua-t-il, dans ce splendide rempart de pierres, que la fortification, complétée par le nid d'aigle, sur le rocher mitoyen?..

Nous y avons découvert une admirable ruine. Là contre, les Césars adossaient leur scène, jouaient leur répertoire, imposaient leur génie. Des fouilles exhumèrent les gradins circulaires, ou du moins leurs vestiges. Ils suffirent, avec des pans de la cuvette, à restituer le monument.

Dans la nudité de ses lignes, la pureté de son hémicycle, l'impeccabilité de son acoustique, ce théâtre offre aujourd'hui, moyennant 20 000 francs de maçonnerie annuelle, grâce aux architectes Caristie Martel, Daumet et Formigé, un cadre unique en Europe.

— Nous en ferons le Bayreuth français, ont-ils pensé

Ils en firent heureusement mieux que cela : une résurrection de la Grèce, d'Eschyle et de Sophocle, partagée avec feu Louis Gallet, auteur d'à-propos qui en manquaient plutôt, ses versiculets remplaçant par les inversions la flamme des alexandrins.

Avant les *Erynnies* et *Antigone*, le *Faune* et les *Fêtes d'Apollon* me parurent quelque peu pâles, au milieu de toute cette couleur.

Quant au Président, éreinté d'avoir descendu le Rhône en bateau, il s'était contenté de piétiner devant la muraille, lui aussi, et de la proclamer également la plus belle de sa République.

Il ne crut pas utile, assailli par les autorités locales, de flâner, toute une après-midi, dans le vaisseau paisible et grandiose. Il n'escalada point les gradins, ni ne rêva au pied du figuier. Il ne soupçonna jamais l'intense épreuve, ni la leçon profonde.

Devant le bloc, haut de 36 mètres, large de 23, dansait un rayon malicieux. Il errait, de la niche balconnante, où la statue du César présidait aux jeux des histrions, à l'arbre inattendu, nourri du ciment des siècles. Les lézards, dérangés, se faufilaient de fissure en fissure. La rumeur de la ville ne nous arrivait plus que comme une chose lointaine, puérile, administrative : pétards, roulements de voitures, galops de cavalerie, appareil insignifiant d'une tournée présidentielle.

On devait entretenir le chef de l'État des « besoins méconnus de la circonscription », des « canaux du Rhône », de la vigne et de l'irrigation, des huiles d'olive et des huiles de croton, de tout ce qui appelle la sollicitude des « pouvoirs publics ».

Nous déchiffrions, ce pendant, le mot *Équites*, sur la dalle où s'asseyaient les chevaliers.

Et le soir, tandis qu'il s'immolait aux sons de l'orchestre Colonne, nous savourions, comparions, regardions, de tous nos yeux éblouis.

Quel spectacle vaudra jamais, dans une salle moderne, celui de ce vaisseau, de ces dix mille têtes attentives, de cette fourmilière humaine, concentrée autour du rêve séculaire ?..

Les fanaux électriques éclairaient juste assez pour créer une demi-obscurité, la scène étant seule en pleine lumière.

Elle consistait en une simple plate-forme de planches. A droite, un laurier rose; à gauche, le figuier; au fond, une porte. La Comédie-Française emplissait ce cadre des ressauts de la plus farouche tragédie.

Dire que Mounet-Sully, son frère, ses élèves, ces dames furent applaudis, serait de la superfétation. Les toilettes, les habits noirs, se mêlaient au populaire. On décora M. Sylvain. Or ça, qui me trahira l'impression produite sur les acteurs eux-mêmes par leur propre ouvrage?

A faire frissonner ainsi la multitude, sous le ciel étoilé pour plafond, l'âme antique renaissait dans celle de ces professionnels, ailleurs corrects, ici formidables. Pas une syllabe ne se perdait, du sol au faîte. Oh! l'acoustique ignorée de nos maçons, copistes consciencieux, pas toujours avec esprit!... Je vous jure que nous ne trouvions alors aucune clameur anti-naturelle, en cette évocation surhumaine, où s'élargissait presque à l'infini l'horizon, où planait la pensée des vieux maîtres, plus haut que les chauves-souris et les hiboux, par-dessus la voix des cigales.

On a voulu renouveler ceci. J'y souscris volontiers. Il me semble simplement qu'on aurait tort de déranger désormais le chef de l'État, lequel ne rehausse que le tarif des logeurs et l'audace des gargotiers.

Une chambre à un louis et un déjeuner à un écu, si la première est trop chaude, si le second est trop froid, prédisposent mal à l'enthousiasme.

L'heure sonne maintenant de choisir entre le retour de M. le Président et celui d'Agamemnon, car le prédécesseur havrais a rejoint l'empereur Adrien, constructeur de ce monument unique, dont le cimier dépasse encore les toits

3

THÉATRE ROMAIN D'ORANGE.

rouges de la petite sous-préfecture de douze mille âmes, qui servit de marraine à plusieurs villes du Nord-Amérique, à plusieurs baies et caps du Nouveau-Continent, à un fleuve, et à une pauvre républiquette d'Afrique.

M. Émile Loubet est ici un voisin. Je le crois même vaguement *capoulié*. On narre sur lui une anecdote, oubliée de ses courtisans, que je signale aux *frescalori* d'Épinal : un retour à Valence, dans le fourgon d'un train de marchandises, afin de coucher entre ses draps familiers, non à l'hôtel. C'est moins grand que l'antique, fût-on président du Sénat, mais c'est vraiment assez bonhomme.

Puis, faut-il toujours poser pour la postérité, comme pour le photographe de l'Élysée?...

Nous pesons peu, devant la face de certaines pierres, où notre ombre se profile. La nuit descend vers elles et sur nous. Mais nous retomberons en poussière, tandis que la muraille splendide se redore, depuis dix-sept siècles, au baiser quotidien de l'éternel Apollo, astre, dieu, poète.

IV

DE MISTRAL A PÉTRARQUE

Le train n° 7 ne s'est pas arrêté dans sa marche. Il nous montre de nouveau les montagnes grisâtres, détachées dans la lucidité de l'atmosphère. Le Ventoux se dresse, plus élevé. Ses contreforts viennent mourir sur la plaine provençale, jusqu'à la rive gauche du Rhône.

Vers l'est, les cimes se prolongent. D'autres paraissent, au couchant, d'une teinte violette, qu'attendrit la distance. Les unes descendent des Alpes, les autres des Cévennes, et les deux chaînes feignent de poursuivre ensemble le beau fleuve d'argent, qui les sépare.

Lorsque les bateliers le descendaient autrefois, bâbord s'appelait : *imperi*, et tribord : *regni*. Pays d'empire, pays du roi, tout aujourd'hui se fond dans la grande patrie française. Cependant les Félibres revendiquent, et Mistral, pape du culte, évoqua un rhumatisme habile, crainte de se rencontrer à Orange avec M. Félix Faure, souverain opposé.

— Il proteste ainsi contre l'invasion en Mistralie, souligna plaisamment M. Catulle Mendès.

Quand donc, au début de la soirée des *Erynnies*, des colères jaillirent au fond du théâtre, on crut à une manifestation séparatiste. Il n'en était rien. Deux mille personnes, munies de cartes, non entrées, hurlaient. On les casa, puis elles se turent.

Le lendemain pourtant, comme on inaugurait le buste de l'architecte Caristie Martel, le Félibrige se retira si vite que le maire, ayant voulu lui offrir le vin d'honneur, dut le faire boire aux gendarmes, et que le pauvre bronze faillit rester orphelin, dans le *proscœnium*, sur son fût. Par bonheur, quatre confrères de bonne volonté devinrent éloquents. Les cinq cents curieux, qui assistaient à la répétition d'*Antigone*, attirés par les orateurs, formèrent le cercle. Caristie Martel obtint son triomphe.

On m'a raconté comment, certain jour, pour un autre monument, l'unique Félibre présent avait bousculé si fort les paysans, que le village finit par le croire cent. L'art de ces novateurs consiste à faire illusion sur leur nombre, pareils aux héros des guerres anciennes, qui remplaçaient les armées par du bruit, et les machines par des gestes. On en décompte mille à Paris, on en trouve cinquante à Valence, on en a quatre à Orange. Quant au barde, enfermé dans sa maison de Maillane, il s'entoure de mystère, convaincu que ceci équivaut à de la majesté.

Ce mouvement demeure donc superficiel. Nous nous y sommes laissé prendre. Après quoi, si nous venons sur place, nous nous apercevons aussitôt que la Mistralie reste un mythe.

Les primitifs voulaient confondre ses limites avec la Provence. Leurs propagandistes les élargirent fantastiquement. A cette heure, il y a quatre « maintenances » : de Provence, du Dauphiné, d'Aquitaine et... du Limousin.

Oui, le Limousin lui-même, le bon Limousin des maçons

limousinants, est proclamé colonie docile. Ils l'ont annexé, à travers le Quercy et l'Auvergne. Je ne doute pas que ces dernières ne soient bientôt englobées dans le périmètre. Pourvu que le patois comporte, de çi, de là, un terme plus ou moins imprégné d'ail, il suffit.

Il me revient pourtant le souvenir d'une excursion à l'Isle-sur-Sorgues, qui m'avait presque réconcilié.

Nous étions partis, pour le pèlerinage sacré, en breack, entre amis, à travers les champs fertiles, où l'eau coule, qu'on cultive largement. Des bourgs cuisaient. Le Midi se montre là moins âpre que plus bas, tout en ayant sa couleur, et, sur les lèvres des filles brunes, voltige le verbe sonore, tandis que les cigales chantent dans les guérets.

Notre voiture roula librement vers l'est, par la route poussiéreuse. Voici Courthezon, puis le Thor, villages qui furent des villes, aux temps du Comtat ou de la Principauté. Les murailles sont tombées, mais en semant quelques débris, ici un bastion, là une poterne, ailleurs une tour, parmi lesquels se sont installés nos contemporains, avec des mails aux platanes touffus, des cabarets aux tonnelles vertes, des usines aussi. Cette région, en effet, est à la fois industrielle et agricole.

La Sorgue arrose les champs, fertilise les prairies, meut les larges roues hydrauliques, sans rancunes ni préférences, en bonne et constante rivière, qui pourrait indifféremment être lorraine ou normande. Rien qu'à l'Isle, dernière agglomération d'amont, les fabriques, en majorité, m'eussent fait craindre le sacrilège des utilitaires, toujours pressés de bouleverser la nature, si je n'avais su que la fontaine de Vaucluse constitue à elle seule une ressource locale tellement solide, que ce serait sottise de la canaliser sans discrétion.

Depuis le XIVe siècle les âmes de Pétrarque et de Laure veillent sur ce site à jamais immortel, si scrupuleusement, si prestigieusement, si jalousement que vingt départements se lèveraient indignés, au moindre péril dont serait menacée sa forme historique.

Les Vauclusiens vivent des touristes, de la colonne de Pétrarque, de sa maison, de son jardin, voire des ruines du castel de Philippe de Cabassole, presque autant que des filatures et papeteries, aménagées de chutes motrices, au passage du flot clair qui, même au plus sec du mois d'août, possède encore plus de puissance que le Tarn et la Durance réunis. Il m'a ravi. La vallée close, *Vallis clausa*, finit brusquement au pied d'une falaise rocheuse de deux cents mètres, dans un cirque d'autres escarpements, troués de maintes cavernes abandonnées.

Au fond, une grotte se creuse, pittoresque, issue d'un vaste lac souterrain, où se concentrent toutes les infiltrations d'alentour.

L'hiver, la source éclate, bouillonne, escalade la margelle, monte jusqu'au figuier. Au sommet, un lit de pierres moussues forme une série de cascades. Elle y écume.

L'été, c'est un peu plus bas, à travers d'autres mousses, d'autres cailloux, que des milliers de mètres cubes s'en échappent, avec un gazouillis puéril et charmant.

Alentour, se sont installés des guinguettes, des bazars, des mendiants. Les visiteurs s'y donnent rendez-vous. Je les en féliciterais, si la manie ne leur était venue de peindre au goudron leur état civil ridicule sur le rocher jaloux. Ces noms, de sexes divers, de banalité commune, révoltent. Pourquoi ces imbéciles tiennent-ils donc à lier leur souvenir à ceux de la fontaine ?...

Je me contentai de la chercher sous les jolis siphons, pour la regarder jaillir, admirer sa clarté, respirer sa fraîcheur.

C'est le miroir qui « contempla le beau visage et les yeux célestes de Laure ». Près de lui, Pétrarque composa le 129ᵉ sonnet. Son ombre plane sous le ciel, et se mêle à cette impasse où le dessin de la falaise s'accuse nettement.

Notre couvert était dressé à l'abri, hors d'une salle proprette. Nous croquâmes des écrevisses et nous savourâmes une truite grassouillette. Le voisinage des morts inoubliables n'oblige pas, pour satisfaire son estomac, à se priver des joies de l'esprit.

J'évoquai encore le fils du notaire d'Arezzo, venu en Avignon, à la cour papale, qui se retira céans, chargé d'honneurs et de manuscrits. A tant d'années de distance, c'est toujours lui qui éveille la légende de tendresse que Vérone envierait volontiers, près du tombeau de Juliette, et qu'un musicien toulonnais mit en un opéra malchanceux.

Si Gounod a consacré Mistral, en lui empruntant *Mireille*, *Pétrarque* perpétua Duprat, en lui inspirant cinq actes, où se rencontrent jusqu'à une jolie romance et un beau requiem.

Tandis que j'y songe, le convoi roule, roule, à travers les campagnes chaudes, où fermente la prochaine vendange. Un vent souffle, fouette mon visage, rappelle l'autan. Sorgues est disparue, et l'île de la Barthelasse a surgi. Une ville étrange, lumineuse, se lève au bord du fleuve verdâtre, dans le rayonnement de sa ceinture crénelée.

— Avignon, cinq minutes d'arrêt !... Voyageurs pour Nîmes, Cette, Cerbère, l'Espagne, changent de voiture. Pas d'arrêt à Tarascon !...

Cette fois, je retarde ma course, afin de jouir d'une chose réellement superbe, par cette matinée qui l'est davantage encore. Une large table est envahie par les voyageurs, à l'assaut d'un chocolat ou d'une brioche. Je lui tourne le dos, et je vais cueillir des impressions.

V

LA VILLE SONNANTE

Quand Rabelais voulut qualifier Avignon, il la nomma : *la Ville sonnante.*

Un siècle de papauté y avait dressé en effet tant de couvents, d'églises, d'oratoires, que les oiseaux volaient moins nombreux que les notes d'airain, dans l'atmosphère du Venaissin. Ce fut la splendeur féodale. Celle d'aujourd'hui est faite de limonadiers à l'instar marseillais et du prestige d'avoir été le nombril éphémère de la chrétienté.

Les Cavares l'avaient baptisé : *Avenio.* Capitale du marquisat de Provence, elle fut une République, que Louis VIII reprit aux Albigeois afin de la rendre aux comtes dépossédés. Jeanne de Naples la vendit à Clément VI moyennant 80000 florins d'or, en 1348, quarante-trois ans après que Clément V y eut transféré le saint-siège.

Sept papes orthodoxes, deux papes schismatiques, firent la ville grande et belle. Après eux, elle eut des légats, puis des vice-légats. A cette enclave bénie, n'osèrent point toucher les Bourbons très pieux. Le 14 septembre 1791, un décret nous l'annexa, et, le 19 février 1797, la Papauté s'y résigna par le traité de Tolentino.

C'est ici que Jourdan Coupe-Têtes écrasa en 1791 la réaction pontificale, que l'armée de Carteaux fit reculer en 1793 une émeute fédéraliste, que le maréchal Brune fut massacré en 1815 par la Terreur Blanche.

En ce moment, j'éprouve seulement l'épouvante d'un rhume, à me découvrir prématurément. Frisquet, ce climat, balayé par le mistral. Nous sommes encore au pays où il gèle le soir. L'astre ne se laisse point oublier, mais l'hiver ne désarme pas sitôt. Dès le petit square de la gare, où fut érigée la statue du filateur Philippe de Girard, j'éprouve l'inconvénient de ce dualisme climatérique et la satisfaction de me trouver sur une avenue digne d'une cité considérable. Il reste, à l'ancienne Rome française, pour retenir les gens, ce boulevard, une cathédrale, un palais, une place, un parc, et ses remparts.

Le boulevard part de la gare, rectiligne, bordé de cafés, de concerts, d'hôtels, bien planté de platanes, corridor d'une cité qui cache ses tares et montre le meilleur. Un tramway électrique le dessert. C'est le Cours de la République, continué par la rue du même nom.

La cathédrale est belle, quoique inférieure, au dehors et au dedans, à l'idée que nous nous en faisions. Les souverains pontifes se contentaient alors de peu d'architecture, moyennant beaucoup de sécurité. Jean XXII et Benoît XII y sont ensevelis. Les autres figurent plus simplement par portraits. La coupole peinte se ressent de l'influence italienne. Tout en haut du clocher, Notre-Dame-des-Doms se cambre dans l'azur.

Le palais ressemble ensuite à une forteresse, avec ses escarpements crénelés, ses sept tours aux noms sonores, ses fossés circulaires, ses machicoulis intacts. On y mit une caserne, ô horreur!... Je n'ai pas voulu rechercher les fresques, souillées par la fantaisie des troupiers, mais j'estime que la masse nous apprend un autre XIVe siècle que celui où nos artistes du Nord découpaient et élançaient leurs basiliques. Guillaume de Cucuron bâtit sur le roc et ses élèves alourdirent sa pensée. Démantelé aujourd'hui, le monument cuit et recuit, bercé par les refrains de chambrée. Tout ce qu'on put en arracher au génie, ce sont les

Le palais des Papes.

prisons, dont l'imagination populaire transforme les cuisines en « salles de tortures », où le département loge ses archives.

La place a bel air, trop d'air, car on y grelotte, car on y rôtit. Au milieu, se dresse une contre-façon de la statue de la République, à Paris, qui commémore l'annexion révolutionnaire, et où sont enchâssés deux médaillons : M. Carnot, M. Constans. Les figures allégoriques seraient les portraits des membres de la municipalité, ce dont s'amusent les commères. L'hôtel de ville, daté de 1845, accompagne très gothiquement le beffroi de 1447, unique débris du Palais consulaire, qu'habitèrent les cardinaux. On a casé de riches collections picturales au dedans, et on flâne volontiers à l'entour. Derrière, est l'église Saint-Agricol, et sur le côté est le théâtre. Les éternels cafés complètent ce centre urbain, somnolent de jour, grouillent de nuit, orgueil des édiles.

Le parc, dit des Doms, avoisine palais et cathédrale, surplombe hardiment la vallée. L'immense panorama va de la chaîne des Cévennes aux puys du Velay. Je déclare sincèrement n'avoir distingué, ni ceux-ci, ni celles-là, mais ils et elles y sont, j'en suis sûr. La coulée du fleuve m'a ravi. Il arrive, d'une poussée puissante, tel un bras de mer, entre ses rives encombrées de roseaux. Le rocher, assise de la cité gallo-grecque, masse de calcaire veiné de spath, fut donc judicieusement aménagé en promenade. Le Persan Althen, propagateur de la garance, y figure en un bronze auquel je préfère le groupe du *Départ des Hirondelles*. Elles reviendront bientôt, par la vaste échancrure, et battront de leur aile aiguë l'angle des vieilles pierres.

Les remparts enfin forment une ceinture magnifique, donnée par la stratégie à l'art, coupée de portes parfaites. On sait pourquoi celle de Rimbert fut démolie, malgré la loi qui protège les monuments historiques. Pourvu qu'elle sauve le reste! Ces murs, comparables à ceux de Saint-Malo et de Cadix, commencés par Innocent VI, terminés par Urbain V, possèdent trente-neuf donjons et sept issues. Une huitième, celle de la gare, n'en dépare point l'ensemble sévère, d'une éblouissante blancheur orientale. Les générations vécurent à l'abri de leur force, sans se sentir oppressées. On peut la franchir aujourd'hui en tramway, à bicyclette, en automobile. A quoi bon troubler le fantôme des lansquenets d'antan, par le renversement de toutes leurs idées obsidionales?

Quant aux ponts, je les citerai. Le plus récent reliera les deux voies ferrées, et le plus vieux est toujours pittoresque, quoique réduit à trois arches, complétées par la chapelle miraculeuse de Saint-Benezet. Le moderne, amusant treillis de fils de fer, voire échafaudage aux arêtes vives, mène à Villeneuve, sur la rive droite, où passe la ligne de Nîmes au Teil. L'île de la Barthelasse, enjambée, forme un bouquet de verdures heureuses, où se vendent des fritures et des mets du cru. La tour de Philippe le Bel se montre, de l'autre côté, en terre française. Le roi faux-monnayeur y affirma ses droits, dès 1292, et Du Guesclin y fortifia le monastère de Saint-André, en 1366. Ce n'est plus la Provence, ni même le Vaucluse; c'est le Languedoc, c'est le Gard, c'est différent. Voilà pourquoi la chanson enfantine me revient, tandis que « tout le monde y passe », non sur le pont de la légende, mais sur celui des ingénieurs, où le tram soulève la poussière.

Villeneuve-lès-Avignon complète le décor. J'y pourrais visiter le fort Saint-André, l'hospice qu'orne le sépulcre d'Innocent VI rapporté de la Chartreuse du Val-de-Bénédiction, sinon un musée assez riche, dont quelques pièces rappellent le mont Andaon où se créa le bourg, près des reliques de la vierge Casarie.

Je pourrais, en Avignon même, parcourir le musée

Calvet, dans le joli hôtel Villeneuve-Martignon, riche des dépouilles religieuses données à la ville par Napoléon Ier, meilleur assurément que ceux de bien des préfectures.

Je devrais même vénérer la dépouille de Laure, au collège Saint-Joseph, et pleurer sur la douce Muse, mère d'une dizaine de marmots, qui inspira tant de beaux vers, avant de nourrir ceux de la terre.

La nuit tombante me chasse vers les restaurants tapageurs. Dans le ciel, s'allument les flambeaux. Je m'attarde à la terrasse des Doms, bercé par le grondement du Rhône, auquel viennent se mêler les babillages des cloches chantées par le bon Rabelais.

S'il ressuscitait, les Félibres devraient se borner à lui montrer ici le buste de Roumanille, érigé par souscription. Le curé de Meudon, complètement oublié, serait presque excommunié par nos inaugurateurs, pour sa langue rude et sa physionomie rubiconde. Avenio dressa pourtant des autels à Bacchus, avant de fondre le métal à la gloire du teinturier persan et du libraire poétique.

Je reviens à la place de l'Hôtel-de-Ville, rutilante de gaz. Le palais des Papes forme un bloc énorme, dont la lune trace l'ombre nette sur les maisons modernes. Au-dessous, entre le fleuve et le monument de l'annexion, un trou se creuse en entonnoir. Là s'enchevêtrent les ruelles séculaires, où les Pontifes parquaient les Juifs, où les chrétiens trafiquaient, où la bénédiction souveraine ne tombe plus sur le ghetto.

VI

EN TRENTE-CINQ KILOMÈTRES

D'Avignon à Arles, il n'y a que trente-cinq kilomètres, et, de Tarascon à Beaucaire,

> N'y a qu'un pont
> Mais il est long

chantait un vieux refrain, entendu au café-concert, dont mon enfance garda le souvenir, avec celui du couplet :

> Les plus bell's fill's de la terre
>   Ah! ah! ah!
> Je vous le dis sans façon
>   Oh! oh! oh!
> Ne sont pas tout's à Beaucaire
>   Ah! ah! ah!
> On en voit à Tarascon
>   Oh! oh! oh!...

Ceci ne vaut assurément pas un poème parfumé à l'odeur des lavandes, mais dénote chez l'auteur ignoré le sentiment de cette beauté des créatures et des choses, la beauté grecque, qui vous guette ici au passage et vous rendrait provençal, sauf l'accent.

Non, je ne l'ai pas. Bien mieux, mon regret n'en est guère poignant. Ce qui fait la seule supériorité de la statue classique sur les femmes de ce pays, c'est de ne point parler.

Trop d'air et trop d'ail!... Par contre, quel éclatant décor, que celui où naissent les rêves et se dorent les légendes, dans la triomphale énergie de la lumière!...

Le train omnibus, par cette matinée claire, lambine. Le vent souffle avec une obstination pénétrante. Je le sens secouer les wagons et le regarde bousculer les routes blanches.

Ici se raccorde la ligne de la rive droite du Rhône, qui débarrassera celle de Dijon-Lyon-Marseille, si encombrée que les rapides risquent de passer sur le ventre aux autres convois. Alors peut-être ira-t-on de Paris à Nice sans tout entraver devant soi.

Nous avons quitté le Rhône, puis franchi la Durance, sur les vingt-trois arches d'un viaduc, parallèle à celui de la route. A travers les pierrailles du lit séché, l'eau des Alpes coule, d'une glauque transparence, telle que je la vis à Briançon (1). En a-t-elle reçu, des torrents, en sa longue course, du pays des neiges au pays du soleil!... Les Marseillais la dérivent par-ci, les Vauclusiens la pompent par-là, et elle se tarit, tandis que s'élargissent ses berges. Au printemps, elle les reculera, elle coulera à pleins bords, mugissante, formidable, superficielle.

La tour de Barbentane se dresse à droite, sur la Montagnette, avec les remparts intacts, avec la tour d'Anglicus Grimoard, frère d'Urbain V.

Puis on appelle Graveson, station de Maillane et de Frigolet, Frigolet où des Prémontrés se montrèrent hermétiques avant le fort Chabrol, Maillane où le père de Mireille

(1) Lire prochainement *Au Pays Alpin* du même auteur.

coule des heures paisibles en dehors de ses partisans.

Les Alpilles nous repoussent vers le fleuve, et Tarascon ne serait qu'un bourg, sans Tartarin, sa bifurcation en triangle, le château du roi René, et les deux ponts.

On dit que les Tarasconais pardonnèrent au Nîmois son innocente plaisanterie. Je crois qu'ils y gagnèrent. Ce héros en trois volumes sauve de l'oubli leur petite ville, détrônée de son rang de semi-capitale, ayant perdu jusqu'à sa sous-préfecture, réduite à servir de siège au seul tribunal.

De monuments, il n'y en a guère.

Les églises sont pauvres et le tour de ville manque de caractère. La gare, perchée sur un viaduc trop lourd, offrant un fouillis de voies, très dangereuse, ne sert pas aux touristes, qui hésitent à descendre les escaliers sombres. Le château royal, transformé en prison, fournit l'idée de la force, carré, solide, farouche, au bord du Rhône, et ses fenêtres, rares et grillées, ont l'air de soupiraux. Derrière elles gémit Tartarin vaincu, brisé, fini, au retour de son équipée océanienne, car Tartarin exista, car il faut qu'il ait existé.

A gauche, le pont du chemin de fer, métallique sur fortes piles, mène en Languedoc.

En face, le pont de la route, composé de cinq arcs suspendus à des portiques monumentaux, conduit à Beaucaire, jadis prestigieux, port où remontaient les vaisseaux, port où les chalands descendaient de Lyon.

Quoique dégénérées, les foires survécurent. Des quais attendent toujours les marchandises. Néanmoins, la vie s'est retirée doucement, du jour où les nautes furent remplacés par le bateau à vapeur, qui lance une fumée grasse de sa cheminée noire. Rarement, un bateau plat s'approche, ouvrant sa voile, dans la dureté du temps. L'antique escale devient simplement le troisième terme d'un triple voisinage : Avignon, Tarascon et Beaucaire, avec Arles accrochée au coin sud du tableau.

Le castel pourtant domine, sur une petite colline. Les

Le château du roi René.

trains s'arrêtent, sauf les express. Eux aussi détronèrent la belle voie fluviale, créèrent cette calamité, obligèrent le bourg, pour se relever, à ériger des arènes tauromachiques, moyen qui me convient médiocrement. J'aimais mieux l'époque où on chantait les « plus belles filles de la terre », qui ne sont pas toutes à Beaucaire, parce qu'il en faut trouver aussi à Tarascon.

J'évoquerais aussi le temps où Tarascon, comptoir intérieur des Massaliètes, noté par Ptolémée, tenait tout entier sur une île du fleuve, que le faubourg de Jarnègues rappelle. Les Romains y bâtirent un *castrum* et les Papes le château. En 1146, prélats et barons y prêtèrent serment à Raymond Bérenger II. Puis la féodalité capitula devant les émeutes communalistes, dont sortirent plus solides les franchises séculaires. Aux Cent-Jours, la Terreur-Blanche grondait et tuait au nom du roi. Seul, le souvenir du bon René plane céans sur le vieux logis, et préside encore aux promenades de la Tarasque, réglées par lui.

S'il faisait un pareil mistral le jour où Marthe, sœur de Madeleine, envoya le dragon piquer une tête dans le Rhône, elle eut moins de mal à en débarrasser les Tarasconnais que saint Pol à nouer son étole au cou du dragon de l'île de Batz(1).

Elle devrait en tout cas, la bienheureuse, apaiser ce vent terrible, qui secoue les travées du pont, fait osciller et grincer les chaînes, semble vouloir les arracher et me précipiter. Cramponné, j'essaie de traverser l'obstacle. Il me faut revenir, en même temps qu'un voyageur de commerce, suivi de ses bagages brouettés, lequel renonce avec mauvaise humeur.

Vraiment, il y a de la glace dans les ruisseaux du boulevard circulaire qui me ramène à la gare. Un lourd convoi de marchandises, arrivant de Nîmes, sur le viaduc du P.-L.-M. siffle désespérément au disque, comme ému de sa position. Expierait-il quelque crime mystérieux, commis contre le charme naturel des choses? Les rares passants se hâtent, et le grésil craque sous leurs pieds. Brou !...

(1) Lire *Au Pays Breton* du même auteur.

Ptolémée cita ceci, parmi les villes des Salluvii, et les charcutiers s'y acquirent depuis une renommée sérieuse. Il ne faut rien dédaigner, voire la viande fumée, hachée, pimentée. Seulement, à quoi emploierais-je mon temps, par cette température sibérienne?... On fabrique aussi des chapeaux, avec du poil de lapin.

Je visite rapidement Sainte-Marthe, trois fois édifiée, la première en temple romain, la seconde en église romane, la dernière au xve siècle. Des tableaux portent d'opulentes signatures, dans la pauvreté de la nef : Parrocel, Vien, Sauvan, Carrache, Vanloo et Mignard. L'ogive règne au dedans, et le gothique s'épanouit au-dehors en une flèche légère. D'ici partent les deux processions, celle du dimanche après la Pentecôte, où s'exhibe la Tarasque furieuse, et celle de la fête patronale, où une jouvencelle promène comme un gros toutou le monstre apprivoisé. Ces accessoires remisés s'empoussièrent, entre temps.

— Ne verrez-vous pas, me dit l'hôtelier, notre bibliothèque, où il y a sept mille volumes?

Pourquoi pas aussi l'hôpital, avec sa collection de pots pharmaceutiques, datant de Louis XIV, merveilleux trésor conservé pour quelque cérémonie du *Malade imaginaire?*

Non pas, je suis ahuri, je suis pénétré, je quitte Tarascon, salué par la colère d'Éole et par les clameurs de locomotive ahurie. La mienne coupe le vent avec énergie. Je cherche des yeux le Mas-des-Tours, où le Rhône rejeta le cadavre du maréchal Brune, roulé depuis Avignon. Et me voici en Arles, autre renommée de saucissons, cité non moins morte, malgré la présence d'un sous-préfet.

La Révolution le lui a laissé, en compensation d'un

archevêque, mais c'est une bien pauvre aubaine lorsqu'on fut traitée de « petite Rome gauloise » par Ausone.

Que de bribes d'histoires à glaner!... Colonie massaliote, ce fut *Théliné*, la nourricière, le centre où affluaient les produits du Nord et où refluait la civilisation du Midi. Marius y creusa un canal, afin d'employer ses troupes, le temps de laisser venir les Cimbres et les Teutons. Honorius y plaça l'assemblée des députés de Gaule, de Bretagne et d'Ibérie. Arles devint tour à tour visigothe, burgonde, ostrogothe, franque, provençale, angevine, chef-lieu d'un royaume, république à podestat électif, et tête de ligne d'un réseau départemental à voie étroite.

— Voyageurs pour la Camargue, voyageurs pour les Alpilles changent de train?..,

Dans ma mémoire chantent les vers de *Mireille*, sur leur trame légère. Rome a tenu ici succursale prospère. Que retrouverai-je de la superbe métropole d'antan, sur qui pèse le poids formidable des siècles envolés, sous qui se tasse peu à peu la cendre des générations éteintes ?...

VII

LE PAYS DE MIREILLE

L'antiquité tout entière ressuscite, en la ville pieuse et mesquine, évadée avec peine de l'étreinte du temps et de l'ingratitude des hommes.

Tandis que de lourds omnibus emportent des voyageurs, je descends pédestrement l'avenue de Montmajour, jusqu'à la place Lamartine, triste et large comme un champ de manœuvres, qu'un bureau d'octroi orne à gauche, que le jardin de la cavalerie décore à droite.

Le Rhône, vu de cette terrasse, n'est déjà qu'une partie de lui-même, la plus importante d'ailleurs, le Grand-Rhône. En amont, il s'est échevelé. Le pont de Trinquetaille l'enjambe en aval, treillis de fer moins élégant que celui du chemin de fer, dont la charpente métallique s'appuie sur de solides piliers, aux extrémités duquel veillent des lions accroupis. Les trains vont à Lunel, lourdement, par cet ouvrage sonore. Grâce au premier, les fardiers gagnent le faubourg où Tibère-Claude Néron, questeur de César, installa en douar les vétérans de la VIe Légion.

La cité proprement dite commence ici, au delà de la tranchée où coule un canal, derrière des murailles dont il semble le complément. La porte s'ouvre en plein, entre deux tours débridées. Contre l'une d'elles, je lis cette inscription municipale et philosophique :

— Citoyen, respecte les propriétés d'autrui ; elles sont le fruit de son travail et de son industrie.

Quoique administrée par des élus radicaux, Arles me paraît redouter le collectivisme.

En face, à un angle de rue, la fontaine Amédée-Pichot s'encadre dans des colonnes, avec sa fresque représentant une femme qui vide son amphore, peinture éloquente. Puis, je suis la rue du Quatre-Septembre, où se montre l'église Saint-Antoine, consacrée en 1119 par le pape Calixte II, rebâtie en 1647, fréquentée jadis pour les reliques de l'anachorète, horriblement décorée d'un Golgotha moderne et dioramique. Ainsi j'atteins la place du Forum.

De celui-ci subsistent deux fûts corinthiens, qui portent les trois quarts d'un fronton, le tout encastré dans la muraille d'un hôtel meublé, avec entrée sur les catacombes. Un concurrent l'avoisine. Sous les gros platanes, des cochers guettent le touriste, devant les cafés connus. Des libraires vendent la photographie des monuments. L'endroit est mesquin et caractéristique, un vrai coin de Provence.

En face, la rue du Palais bute contre l'ancien tribunal, transformé logiquement en prison. On pivote et se trouve derrière l'hôtel de ville. On en traverse le vestibule, où d'autres lions accroupis flanquent la base d'un escalier. Je suis place de la République, au centre de laquelle l'obélisque du Cirque, monolithe arraché aux carrières de l'Estérel, pointe devant le palais édilitaire.

La coupole de Peytret, retouchée par Mansart, porte

9

LES ARÈNES D'ARLES.

toujours sa statue du dieu Mars, « l'Homme de Bronze », palladium de la cité, titre d'une feuille locale. Maigre, grêle, vert-de-grisé, presque ridicule, il évoque l'idée peu émouvante d'un sujet de girouette. Je préfère contempler, sinon le nouveau bureau des postes, au moins la façade de Saint-Trophime, portail mal dégagé, mais fouillé à ravir, chef-d'œuvre d'architecture romane, précédant celui de Saint-Gilles-du-Gard.

Le patron, en costume d'archevêque, occupe une niche latérale. Sa sœur jumelle renferme en face un saint Etienne lapidé. Sur le tympan, grimace le Jugement dernier. La colonne centrale fut taillée d'un solide granit oriental. On croirait un placage de dentelles, appliqué contre la muraille nue.

Dedans, des tapisseries pendent et une chaire très claire, marmoréenne, se détache, sur quatre piliers rouges et sur un pilier vert. Une petite porte et un sombre escalier vous mènent au cloître, exquis, paisible, coiffé d'un étage banal, à fenêtres quelconques et grillées, dont le guide explique les détails, avec des lunettes bleues. Je m'en délivre. Il me faut ma tranquillité d'esprit, afin de goûter ce lieu monacal et mystique, dont les sculptures capricieusement diverses ont le charme de celles du Mont Saint-Michel (1), promenoir plus modeste et plus intime que celui de Monreale (2). Un puits, dans un tournant, contient une eau dormante. Je songe aux morts.

Mais, par une cour et par une ruelle, me voici devant les ruines du Théâtre.

(1) Lire *Au Pays Breton* du même auteur.
(2) Lire *Au Pays Sicilien* du même auteur

Est-ce le Forum de Trajan? Arles n'est pas Rome. Pourtant des Latins applaudirent, là, des comédiens au masque de plâtre, en des soirs où la Tragédie rugissait. Rien de comparable à Orange!... C'est un terrain vague, tapissé d'herbe maigrichonne, enclos d'une grille. Il contenait seize mille spectateurs, et on y découvrit la *Vénus* qui, offerte à Louis XIV, passa de Versailles au Louvre. Des colonnes se tiennent encore debout, redressées peut-être. Tout le reste est renversé, bouleversé, dispersé, emprisonné dans des constructions plus récentes. Un clocher pointu passe au nord-est. Des voix d'enfants bourdonnent dans une école invisible. Je continue et je débouche sur un jardin planté d'arbres sépulcraux, d'ifs et de cèdres, avec de moins lugubres plates-bandes de fleurs.

L'avenue Victor-Hugo, qui remplace le fossé des remparts, s'allonge parallèlement. Je la remonte. Vers la ville, est l'abbaye de Saint-Césaire, bâtie en 513, pour les dames pieuses, devenue propriété privée, en notre époque. Vers la campagne, se dresse une caserne, devant laquelle un zouave immobile monte la garde, car on a placé ici le dépôt continental de cette troupe africaine. Un boulevard maigre descend vers le canal de Craponne, domine un mail avec bassin central où des gens jouent aux boules, et aboutit à l'allée des Alyscamps, Champs-Élysées où se firent inhumer dix générations de païens, de chrétiens.

Les villes voisines envoyaient leurs trépassés dormir sous ces peupliers plaintifs. Leurs sépulcres exhumés s'y alignent aujourd'hui, tels des auges. L'embranchement de Saint-Louis-du-Rhône passe au travers. Il semble que le railway se venge de ce que les encombrants défunts l'obligèrent, en 1848, à se détourner de la ligne droite. Depuis, les ingénieurs expropriérent la surface même du

Les Alyscamps.

cimetière vénéré. Toute la rive nord du petit canal s'est couverte d'immenses ateliers dont le bruit, marteaux sonnants, fers forgés, respiration des machines, trouble le silence du lieu. Ce fut une nécropole d'idolâtres, que les restes de Saint-Trophime exorcisèrent. Le contact de ce sol « préserva les corps de toute atteinte diabolique », jusqu'au moment où Lucifer y apporta sa vaste forge.

Du reste, les Arlésiens, au xvi° siècle, commençaient à brocanter leurs sépultures. On les offrit à Rome, à Lyon, à Marseille, qui les possèdent en leurs musées. Charles IX chargea une flottille entière de ce butin funèbre. Elle naufragea devant Pont-Saint-Esprit, et les sarcophages disparurent parmi les flots du Rhône. Ceux qui restent sont vides, et leur procession s'étend sans majesté, entre l'enclos du P.-L.-M. et le magasin aux fourrages.

Le tombeau des Consuls, morts de la peste en 1720, survit seul, intact. La chapelle des Porcelets achève de crouler. Un garde édilitaire manie la grille de Saint-Honorat, qui fut une autre ruine, avant de devenir basilique, dédiée au pieux membre d'une noble famille d'Eyguières, homonyme de l'apôtre de Cannes, lorsque, au vi° siècle, on essaya d'utiliser ainsi les débris du temple impie, dont le mur crénelé repoussa l'incursion des barques sarrasines, remontant du fleuve vers les fossés d'Arles. Au xii°, le chœur s'éleva. Au xvi°, on doubla les piliers qui se lézardaient, et termina presque l'ouvrage. Au xviii°, la Révolution dispersa tout.

Dans la chapelle Castellane, se distinguent quelques architectures, et, dans un oratoire bas, se montre l'arceau muré sous lequel coulait le canal antique.

La Notre-Dame-de-Grâce, pour qui travaillèrent les restaurateurs, est à la cathédrale. L'unique trace de vie réside dans un tableau-réclame, où un marchand de meubles expose la photographie de sa marchandise. Les Alyscamps sont bien laïcisés, oh ! oui, laïcisés par les fabricants de locomotives, encore plus que par le décret révolutionnaire des sans-culottes. Quelques arbustes poussent, entre les bières. Les oiseaux eux-mêmes fuient devant le tumulte de l'usine et le sifflet des générateurs.

Je les imite, je remonte vers la caserne, vers l'avenue Victor-Hugo, où je découvre l'unique vestige de l'enceinte romaine, à l'angle de la route d'Avignon. Elle arrive du Nord et longe le rempart. En forme de crosse d'évêque, il fermait Arles du côté du Rhône, et le canal de Craponne complétait la défense.

Ce mur se flanque d'une grosse tour et d'un gros réservoir d'eau. D'en bas, il s'appuie sur les couches diagonales de roches calcaires, qu'ont décolorées dix siècles de la terrible poussière locale. On a embelli la substruction d'un jardinet d'aloès et de pins. Le sentier grimpe vers une poterne. De l'autre côté, les populations transforment en décharge publique une placette lépreuse.

Comprennent-elles que toute la gloire de leur ville vient de ces vieilles, des si vieilles murailles, à l'abri desquelles se civilisa la Gaule?

De la ruelle de la Madeleine débouchent un prêtre, deux enfants de chœur, une croix, venant de la Major, petite et basse, dont une vierge d'or couronne le clocher, où sonne un glas d'enterrement. En ce temple misérable, se tint l'un des trois conciles d'Arles. Bloqué entre la fortification et les Arènes, il se montre petit, humble, obscur, comme s'il sentait sa misère plus poignante, dans cet ensemble de grandeur. L'eau du bassin de la Compagnie des eaux s'épanche en borborygmes, qui accompagnent les pleurs de la cloche.

Je vais vite vers les arènes colossales, après avoir risqué à peine un coup d'œil, au-dedans de l'église, vers sa chaire de marbre et son autel sous baldaquin.

Oh! ces arènes, où vingt-cinq mille spectateurs assistaient, quand le théâtre avait terminé ses représentations, aux jeux des gladiateurs, des nautoniers et des fauves!... Elles s'arrondissent encore, dans toute la splendeur de leur pérennité. On y organise des courses de taureaux, lorsque les ministres ferment les yeux. Je m'y suis lentement promené. La sensation de la force et de la puissance m'a envahi, comme au Colisée. Quoique je préfère Nîmes, plus purement conservé, Arles monopolise l'originalité des trois tours sarrasines, plantées sur la muraille circulaire, au XIe siècle, alors qu'une ville close se retranchait dans l'ovale colossal.

— Mettez-vous ici, me dit le cicerone, et écoutez.

Il se place à l'autre extrémité de la piste, laisse tomber doucement un écu, s'écrie orgueilleusement :

— Vous avez entendu?...

Certes, j'ai entendu. Cette acoustique, due sans doute aux conduits souterrains qui amenaient les ondes pour la joute des nefs, n'est pas indigne d'être signalée aux badauds. Mais je ne suis point venu pour ouïr le bruit d'une pièce de cent sous sur le sable où coula le sang des acteurs et des martyrs, plusieurs siècles avant celui des haridelles éventrées. Je grimpe par un escalier de bois, puis par un de pierres, d'abord hors des gradins, ensuite au dedans du plus élevé des donjons, jusqu'à la plate-forme.

Malgré la bourrasque, je veux voir, et je vois. Je vois les Alpilles et la Crau, le ruban du Rhône qui tourne et se perd, et la ligne des Cévennes qui s'efface, toute la Camargue et partie du Languedoc. Les tuiles des toitures sont recuites, poudrées, en groupes inégalement coupés par les rues biscornues. L'Homme de Bronze et la Vierge de la Major dépassent; l'abbaye de Montmajour coiffe dans l'est son mamelon vert; les deux ponts se révèlent. Un nuage, un seul, tout blanc, lutte avec les neiges du Ventoux, dans l'azur du ciel.

Et, sous mes pieds, j'ai la douce courbe des gradins; puis le trou très encaissé de la piste, où la tauromachie voulut bien s'abstenir, durant une soirée de printemps, afin de laisser la musique de Gounod commenter la douce et triste histoire de Mireille, brune fille d'Arles et sœur de Vincenette.

Les dompteurs de bêtes féroces ont peut-être compris, lorsque Ourias confus s'éloigna devant l'humble vannier, que le cœur d'une Provençale n'est plus celui d'une Romaine, mais un bon petit cœur de Française, à qui les douces paroles d'amour conviennent mieux que les rudes vantardises des belluaires.

VIII

EN CAMARGUE

Il me semble également démontré que si le conseil général des Bouches-du-Rhône avait construit plus tôt la ligne d'Arles aux Saintes-Maries-de-la-Mer, la « douce fiancée » ne serait pas morte, au seuil du « pieux rendez-vous », d'une insolation attrapée dans le « désert brûlant » que traversent aujourd'hui les pèlerins à demi-tarif.

On se rend, en effet, d'Arles aux Saintes-Maries, au Salin-de-Giraud, à Saint-Louis-du-Rhône, aussi facilement qu'aux Baux, au Val-d'Enfer, à la Grotte-des-Fées. L'intérêt électoral se satisfit, et celui du poème en diminua. La Camargue et les Alpilles appartenant aux itinéraires, je ne pouvais leur échapper.

J'ai commencé par faire connaissance avec le réseau de la Camargue, sans comprendre pourquoi la gare s'est exilée à Trinquetailles, lorsque le pont de la ligne de Lunel permettait un raccordement immédiat, et lorsqu'il existe pour les marchandises. La course au faubourg lointain manque d'agrément. On franchit le viaduc tubulaire, par-dessus le fleuve, enclos de beaux quais, plutôt vides. Le clocher du quartier, à trois étages, se couronne d'une madone. Mais le railway exilé offre au moins un matériel propret, en bois ciré, avec plates-formes, desquelles on peut contempler la monotonie de l'immense delta, triangle bas et marécageux, où les taureaux lèvent leurs muffles inquiets vers l'haleine de la mer.

Soixante-quinze mille hectares d'alluvions, dévorés par le salpêtre, y sont céans en voie de progrès, car la vigne paraît déjà. Desséchés, puis irrigués, ils feraient un potager immense et rémunérateur. Les gares s'y suivent, mignonnes, sans autre raison que la proximité des fermes qu'on ne voit point; des ceps, des labours, voire des vastes plaques de sable dont l'herbe rachitique nourrit mal les troupeaux.

Dans mon compartiment, deux chasseurs jacassent, emportant un chevalier, au long bec, aux yeux vifs et effarés, qui sert d'appât. Nous manœuvrons à chaque arrêt, interminablement. Comme on rissole en été, on grelotte en hiver. Les gros moustiques dévorent le cultivateur, et bourdonnent autour des feux de bergers. Tous les oiseaux migrateurs, flamants roses et mouettes blanches, outardes et perdrix, voisinent avec les chevaux nerveux. Une vie étrange se manifeste, troublée à peine par la petite locomotive, qui passe, telle une menue servante de mas, travailleuse et vive, proprette et vaillante.

Les noms sonores se succèdent : Albaron, Balarin-Duroure, Pioch-Badet, Icard, Maguelonne-le-Sauvage. L'étang de Vaccarès, à gauche, est encore plus épuisé que l'étang des Launes, à droite. J'arrive alors aux Saintes-Maries-de-la-Mer, démantelées, abandonnées, vénérées pourtant.

Là débarquèrent Marie-Jacobé, Marie-Salomé, Marie-Marthe et Marie-Madeleine, avec Lazare et Maximin, et la bonne négresse Sara. Oh! légendes enfantines! Les conteurs de Provence parent de leurs agréments l'indigence du site. Un réservoir reçoit l'eau plus ou moins potable du Rhône. La vieille église dresse sa carcasse solide, sans une fenêtre, véritable bastion à machicoulis, par-dessus la bourgade lépreuse, comme au temps où les rois la traitaient en basilique, pour les privilèges et pour les oraisons. Quoique la commune comporte une belle gendarmerie isolée et une mairie à campanile, les touristes réservent au temple seul leur curiosité.

Il la mérite. Dans une demi-obscurité de cave, je distingue la nef aux sept travées, contre laquelle se brisa l'effort des Barbaresques. Au centre, clos d'une grille, coiffé d'une trappe, se creuse le puits miraculeux, profond d'un mètre et demi, dont l'eau guérit de la rage. Autour, un balcon de bois vermoulu, accroché aux murs, permet de prier ou de flâner. Au fond, se creuse le chœur pauvre, par-dessus la crypte recroquevillée. Le sacristain nous y conduit.

Consacrée à sainte Sara, elle possédait son issue spéciale, car quatre à cinq cents Bohémiens y élisaient jadis une reine annuelle, dans la nuit du 24 au 25 mai. Les plus beaux cierges n'étaient pas trop coûteux, lorsqu'ils les consacraient à leur patronne. Cependant, les autres pèlerins préféraient isoler ces compagnons pittoresques *Beware of pickpockets!* L'autel de la bienheureuse, placé sur sa tombe, est usé par les genoux.

Pour les simples ouailles, prosternées au rez-de-chaussée, un trou fut foré dans le plafond. De là-haut, descend le reliquaire des saintes. Le prêtre officie alors, face à la foule. Quatre mille personnes se donnent le « pieux rendez-vous ».

— Elles accomplissaient autrefois, monsieur, en caravane et à pied, les trente-six kilomètres qui nous séparent d'Arles.

Après quoi, le cicerone nous montre un tableau de naufrage « qui fut exposé au Salon », un oratoire qui enferme « l'oreiller de la Vierge », et nous fait sortir pour nous faire grimper. Un escalier extérieur monte en tire-bouchonnant au chemin de ronde ; puis à une chapelle supérieure, lambrissée de bleu et d'or. Là, le treuil permet de manœuvrer le coffre où furent recueillis les os sacrés, après la Révolution.

Je laisse causer le brave homme ; je contemple de la plate-forme cette étendue impressionnante : le rivage dont une dune porte un calvaire récemment érigé, la mer qu'animent quelques barques, la tristesse morne de l'est, la tristesse égale de l'ouest, et la Camargue s'allongeant au nord avec la tache des étangs. Le bruit des vagues monte jusqu'à moi, paisible, éternel. Trois cloches sont silencieuses, à portée de ma main, dans la muraille fruste à trois embrasures, qui simule clocher.

Lorsque je reviens vers la plage, le soleil se couche, par delà les murailles d'Aigues-Mortes, que cache une brume légère. Il est rouge, tel un œil ensanglanté. Le petit train s'en retourne coucher à Arles, dans l'éclat de ce crépuscule, où les nuages prennent des teintes de métaux, en fusion dans quelque cornue colossale, pour l'œuvre d'habituelle résurrection. Les cigales chantent, d'une voix grêle, sur la platitude de la campagne déserte. Pas une voiture, pas une charrette n'anime les routes blanches.

Derrière moi, les Saintes-Maries-de-la-Mer se sont effacées, leur silhouette a disparu, l'église n'est plus qu'un souvenir déjà éteint. J'en emporte la douceur caractéristique des fois naïves, des espérances séculaires, des pierres fauves vers qui se tendirent tous les bras expiatoires d'une province croyante et presque païenne. Je rentre à Trinquetaille, retraverse le pont tubulaire, revois l'hôtel de ville dont une rampe de lumière découpe le large cadran sous la girouette du dieu Mars, et me retrouve naturellement sur la petite place du Forum.

Les cafés ont allumé leurs gaz et les consommateurs occupent une large terrasse. Un garçon maigre porte une chose bizarre dans une lustrine noire : c'est une guitare, où il s'occupe, au bord du trottoir. Sous les étoiles et sous la lune, ce chanteur connaît son répertoire de Montmartre, le bon, celui des romances tendres, d'Hyspa, de Boukaï, de Delmet, de Botrel aussi, qu'il accompagne d'un doigt négligent, après les avoir annoncées d'un ton modeste.

Je regarde les deux colonnes prisonnières, emmurées, avec les débris du fronton. Ombre de César, écoute les *Stances à Manon !*... Ecoute aussi la *Paimpolaise*, étrange plainte bretonne, en ce cadre latin !... Moi, je rêve aux puissants Gallo-Romains, dont nous sommes davantage les enfants en Arles, en ce carrefour de sous-préfecture où les omnibus ont juste de quoi tourner, en cette soirée douce que souligne la voix pénétrante de l'aède forain, auquel pleuvent les décimes mélancoliques.

J'éprouvai quelque chose de semblable à Venise et à Naples, mais sans l'attendrissement de la langue natale. Le pauvre diable se dessine dans la demi-clarté, avec sa face blafarde, maigre, résignée. Il écorche parfois un mot. Se croirait-il déshonoré, s'il entonnait en patois sonore une de ces romances qui nous mettraient un frisson entre les deux épaules ?...

O Magali ma tant amato

Je regarde s'éloigner les rares passants, par les ruelles où leur pas sonne sur les chaussées, pavées de petits cailloux, comme les petits chagrins.

IX

LA TRAVERSE DES ALPILLES

Sur la rive gauche du Rhône, elles barrent la coulée des plaines, courent de l'ouest à l'est, s'infléchissent légèrement vers le sud. Leur blanche arête, à peine tachetée de quelques pins et de maigres broussailles, a des lignes aiguës et droites. Deux voies ferrées les longent, d'Arles à Eyguières, de Tarascon à Orgon. Je pris la première, afin de revenir par la seconde.

Régionales, à voie normale, elles constituent une anomalie. Le P.-L.-M. devrait les avoir construites. Il serait avantageux qu'il les exploitât, puisque leur isolement alourdit les frais généraux.

Mon train comporte un unique wagon de voyageurs, à impériale close, horrible appareil, attelé au lamentable convoi de marchandises. Il s'ébranle, péniblement. La campagne, cultivée, montre ses champs coupés de lits rocailleux, où parfois roule en torrent l'eau des pluies. Montmajour et Fontvieille sont les seules gares fréquentées, Montmajour à cause de son abbaye fortifiée et ruinée, Fontvieille pour sa source chaude et inutilisée. L'abbaye fut créée sous Charlemagne; la source dut être connue des anciens. Fontvieille possède en outre un château dont reste une tour, et une carrière dont s'extraient des moellons.

Je descends, après Mont-Paon, au Paradou, village d'un aspect quelconque, n'ayant rien du roman d'Emile Zola, avec une vieille église et deux auberges.

Tandis que nous déjeunons sous un vaste platane, la fillette de la maison se berce à une balançoire, chats et chiens rôdent dans nos jambes, le patron cherche un véhicule. Il ramène une « jardinière » sur hautes roues, dont le patron fume une courte pipe, dont le cheval étale un large poitrail. Nous montons dedans, puis vers les Alpilles.

En bas, une fontaine filtre d'un bassin, sous des cyprès. Le cadre est un ravin triste, clos de falaises dolomitiques. Au faîte, sont les Baux; sous nous, une terre rouge nourrit de tristes légumes. Cela s'achève en un cul-de-sac, où la route revient sur elle-même, gardée par des bornes.

La « cité » se montre, tas de bicoques croulantes, aux ruelles étroites, embelli d'une mairie lépreuse et d'un hôtel primitif. Au seuil, le « guide » accroupi veut absolument m'accaparer, car il est diplômé par les archéologues et homologué par le gouvernement. Je préfère errer libre, à l'aventure, parmi les débris de la puissante forteresse, détruite par Euric, restaurée par les Sarrasins, classée en bloc au nombre des monuments historiques.

Au XIIe siècle, ses seigneurs puissants tenaient un tiers de la Provence et y présidèrent des « cours d'amour ». Ils furent princes d'Orange, rois d'Arles et de Vienne, empereurs de Constantinople. Barral des Baux, podestat d'Arles, vendit la république à Charles d'Anjou, et la malédiction monta jusqu'à son aire, marquée d'infamie. Les serfs, peu à peu, se retirèrent. Robert de Duras démantela le castel, que Louis XI abattit. Du 11 au 21 mars 1632, par ordre de Louis XIII, les démolisseurs agirent à la mine et au pic. Les Baux étaient anéantis enfin, comme on brûle un immeuble contaminé, et le vaste linceul des nuits bleues s'appesantit sur la montagne exorcisée.

A présent, ses habitants se casent, tels des lézards dans la fente des pierres, mineurs ou carriers. Mistral y visita sa grotte, avant d'y loger Taven, la bonne sorcière. Sur la crête veille un gardien bénévole. J'y grimpe, droit à la tour éventrée, par-delà les logis, à travers un plateau déclive et aride, dont l'ourlet forme le château, taillé à même le banc naturel, puis coiffé de remparts.

Ce qu'on extraya, pour creuser les appartements, servit à créneler l'enceinte. Tout croule, s'effrite, s'en va en lambeaux difformes. Des salles basses ressemblent à des cavernes, des puits furent des réserves, des escarpements se garnissaient d'hommes en armes. Où l'ortie pousse, s'assirent les plus belles dames, écoutant les troubadours, tandis que le seigneur agitait en lui des rêves d'ambition : le Rhône joint au Bosphore, Arles menant à Byzance.

Des passages lugubres vous mènent, malgré les obstacles, aux chapelles que marque une sculpture rongée de lèpre, à des chambres nues, à des balcons vertigineux. Le soleil darde, effroyable, sur cette blancheur aveuglante, et la migraine voltige autour de moi.

Dans le village, une école de frères occupe la maison des Porcelets. Tout le monde puise encore à la colossale citerne, dont le dallage restauré occupe l'extrême pointe de la falaise. J'y suis attiré par le vide.

L'abîme s'ouvre. A mes pieds, la Crau rôtit, et une

brume légère réduit l'horizon. Sans quoi, j'apercevrais la ligne de la Méditerranée, par-delà la Camargue, que les paluds et les mares tigrent de plaques d'argent. A gauche, les Alpilles aboutissent au Pilon-du-Roi, et, à droite, le regard se perd dans l'étendue des plaines, les vastes plaines du Languedoc, où l'été mûrit la promesse des vins généreux.

Redescendu, j'absorbe un verre de café à l'hôtel Monte-Carlo, qui fut celui « de la Cabeladure d'or », en mémoire de deux chevelures féminines, découvertes dans la crypte de la paroisse. Mon cocher arrose son moka d'un cognac inférieur. Pas rancunier, le guide Farnier accepte une consommation dans la salle appuyée sur pilier unique et certainement séculaire ; mais il me blâme de n'avoir point contemplé une à une les maisons croulantes, ni vu le temple protestant que signale la devise : *Post tenebras lux!...* Je lui réponds que j'ai fouillé une sorte d'oratoire abandonné, lequel fut Saint-Claude. L'essentiel est d'avoir flâné au milieu de cet écroulement, et le principal est de ne pas manquer le train.

La carriole part donc, redescend vers le vallon, regagne la route, monte et tourne avec elle aux flancs du cirque taraudé, ébréché de toutes parts, dont les blessures troublent la vision, mais évoquent aussi un sentiment de labeur. En dessous, un sentier, détourné par les exigences industrielles, traverse le Val d'Enfer, sur lequel s'ouvre la Grotte des Fées. Nous profitons de tranchées verticales, coupant des monolithes. Ainsi se gagne la ligne de démarcation des versants, de l'autre côté de laquelle Avignon reparaît soudain, avec les Cévennes.

Ce vallon, mieux dessiné que celui par où je suis arrivé, reste néanmoins plus solitaire, sans une goutte d'eau. Les ingénieurs ont tracé la route à gauche, au caprice de la côte infertile. Des crêtes ruiniformes nous dominent et des bornes continuent à nous protéger. Quelques verdures décorent les flancs du paysage.

Près du Mas-Véran, où un puits possède une inscription philosophique en latin, nous nous engageons en une traverse ombragée d'oseraies, qui débouche sur la route de Tarascon.

Nous entrons dans Saint-Remy-de-Provence coquet, aménagé. L'illustre évêque de Reims, accompagnant Clovis au siège d'Avignon, aurait accompli ici un miracle, en l'honneur duquel fut débaptisée *Glanum*, créée par les Grecs, enrichie par les Salyens, détruite par les Visigoths. Une population de six mille âmes vit dans ses maisons claires, et maint pèlerinage félibre s'y fixa rendez-vous. Il eût pu faire un choix moins judicieux.

La place de la République en est vaste, avec des cafés animés. Un boulevard circulaire marque « le tour de ville ». Il vaut un Bottin de gloires nationales : Marceau, Gambetta, Victor-Hugo en eurent chacun une tranche. L'avenue, qui grimpe vers « le plateau des Antiquités », porte le nom de Pasteur. Je constate ce souci bien local d'une municipalité qui laïcise le plan de sa commune, de peur d'être prise pour ignorante et réactionnaire.

Comme mon voiturier retourne coucher au Paradou sans traverser les Baux, il me porte derechef à la base des Alpilles, où il me dépose devant un rond-point très propre, garni de bancs de pierre, au milieu duquel se tassent les deux seuls vestiges de la civilisation passée.

Dégagés à merveille, ils ont survécu au choc des Barbares, dans la quasi-plénitude de leur conception. L'un fut un arc-de-triomphe, et l'autre un mausolée. L'arc-de-triomphe, décoiffé de son fronton, toujours orné de sa voûte, offre une archivolte parfaite, dont les caissons hexagonaux sont merveilleux, dont les faces montrent des captifs et des femmes d'une rare délicatesse. Le mausolée, érigé par les trois Julii à leurs parents, daterait de Constantin II, malgré l'archaïsme de ses bas-reliefs, et consiste en un piédestal solide, sur lequel s'appuie une sorte de dais, enfermant des statues dont on a revissé les têtes. De là, s'embrasse la vaste plaine, avec ses villages, ses cultures, ses ombrages, tandis que le crépuscule lentement s'abaisse. Ici Gounod écrivit sa « Chanson du Petit Berger » par un soir semblable.

Les arbres ont abandonné leurs feuilles mortes, recueillies par des galopins qui en tirent des feux de joie, qui dansent autour. Les ampoules électriques s'allument. Je jette un regard dans l'église pseudo-grecque, accolée au clocher du pape Jean XXII.

— Vous avez vu le château de M. Mistral ?

— Le poète ?

— Non, le propriétaire de la minoterie. Il est immensément riche. Seulement, comme on n'a pas voulu le nommer maire, il refuse de rien faire pour le pays. Vous passerez devant son usine.

Outillée de façon moderne, voisine de la gare, éclairée aussi à l'électricité, elle possède son embranchement. Un bâtis élevé porte une roue de transmission, qui envoie la force motrice au delà du railway.

— Cela vous donne du travail? dis-je au conducteur du train.

— Moins que les primeurs de Châteaurenard. Nous en sommes encombrés. On devrait bien augmenter le personnel.

On devrait surtout renouveler le matériel. Je retrouve l'équivalent de mon unique wagon de l'aller, et la file des fourgons, et la petite locomotive essoufflée, et la sage lenteur de la marche. Décidément le conseil général des Bouches-du-Rhône, ne cherche point à attirer les touristes sur son réseau. Sans doute songe-t-il à laisser vivre les loueurs d'Arles et de Tarascon.

Je rallie la ligne principale, à travers une nuit superbe, sans rien distinguer néanmoins, pas même le clocher de Maillane, qui tend au nord son doigt vers le ciel.

Là-bas vit celui qui immortalisa toute cette contrée, qui a lié le nom de chaque village au naïf épisode de quelque scène rustique, qui réserve le suprême effort de sa longue vie à glorifier le Rhône, et qui n'est pas plus minotier que millionnaire.

— Tarascon!... Tout le monde descend. La gare du P.-L.-M. est en haut du sentier.

X

L'OMBRE D'UNE CAPITALE

La distance d'Arles à Marseille n'existe plus, depuis que les rapides la dévorent. En ce moment, une douceur attendrit cette étape, que parcourt mon train semi-direct, nord-ouest à sud-est, à travers un paysage sans histoire.

Il commence, dès le viaduc de 769 mètres, qui traverse les marais où flâne le canal du Vigueirat. Un aqueduc en plein cintre reçoit à gauche celui de Craponne, presque imposant, avec sa centaine d'arcades. Puis la locomotive se lance dans la Crau, laide et pierreuse. La voie court en ligne droite et en talus, bordée d'arbres funéraires. Ce fut le *Campus Lapideus* des anciens, le champ de lapidation, et c'est toujours une plaine d'alluvion, où pousse un gramen maigre, à travers les cailloux, comme si les rivières torrentueuses avaient déposé ici toute la desserte des crues, prise au flanc de la montagne.

Depuis plusieurs années pourtant, les méthodes scientifiques mordent sur ce Sahara. On plante des oliviers, entre l'irrigation de ruisseaux rectilignes, au bord desquels se courbent les roseaux. Des annexes d'Arles ont leur station, Raphele et Saint-Martin, puis Entressen, qui dépend d'Istres. Les mûriers, mêlés aux platanes, coupent la désolation. Je ne vois point les troupeaux paître, ni n'entends le joli air de flûte mis par Gounod aux lèvres de son berger d'opéra-comique. Il me semble même discerner de la glace, au fond des arroyos.

Le train stoppe à peine en gare de Miramas, immense dépôt en pleins champs, où des caravanes de wagons stationnent sur les rails de triage, où les machines diligentes vont et viennent; où se forment et se disloquent les convois de marchandises, où se groupa peu à peu la population, lasse du pays perché sur son roc et sous son château. D'abord, ce fut l'exode du commerce, qui descendit vers la plaine. Puis la mairie et la paroisse suivirent. A présent, l'abandon est absolu; les habitants sont revenus aux environs de la Voie Aurélienne.

Un embranchement, à droite, descend vers Port-de-Bouc, et un, à gauche, remonte vers Cavaillon.

Ce dernier dessert Salon, que les archevêques crénelèrent, que le roi René développa, qu'Adam de Craponne fertilisa, que Michel Nostradamus illustra de son astrologie. Au delà, les grottes de Calès avoisinent le château de Panisse, près des ruines de celui d'Allamanone. Celles de la Péagère-du-Rocher avoisinent Sénas. Orgon, fortifié et démantelé, ramène la ligne sur la Durance, où elle se soude finalement à celle de Marseille-Grenoble.

L'itinéraire de Port-de-Bouc va chercher la Méditerranée à travers les étangs, les collines, les salins. Istres y agonise et Fos y ressuscite. Les légions de Marius creusèrent les *Fossæ Marianæ*, qui lui donnèrent son nom, tandis que les nefs débarquaient à Stomalimne les vivres envoyés de Rome aux futurs sauveurs de la République. Quant à Port-de-Bouc, entre Martigues et Saint-Louis-du-Rhône, son importance serait énorme, si la future ligne Miramas-Marseille s'en préoccupait, et si l'étang de Berre devenait enfin l'admirable rade de refuge dont on discute.

Je le découvre bientôt, car l'express gravit soudain, à gauche, un contrefort rugueux, qu'il dépasse vite. En bas, au milieu de collines sauvages, une onde claire dort et miroite. Sommes-nous arrivés ?... Non pas, c'est un bassin intérieur, ceint de rives monotones, où toutes nos flottes tiendraient.

Il est comme la mer Noire, avec le Bosphore, la mer de Marmara, les Dardanelles. Martigues se dresse au début, ayant canalisé le Bosphore en ses « bourdigues » où se prend le poisson migrateur, où s'exercent au profit de M. de Galliffet des droits féodaux, où une petite Venise artificielle n'est qu'un goulot à viviers. L'étang de Caronte serait la mer de Marmara. Quant aux Dardanelles, je les reconnaîtrais dans les salines qui forment le fond de Port-de-Bouc. La vue, de la portière du compartiment, se promène sur la cuvette claire, aux rives marécageuses, vers laquelle dégringolent les oliviers, que des passerelles perchées pénètrent de leurs grêles pattes d'araignées; qui offre une douceur mêlée de tristesse.

Les falaises opposées forment une crique. Je distingue l'éloignement de la chaîne vers l'ouest, masquant la Crau. Deux ports seulement, deux ports qui n'admettent que des barques, furent creusés sur ce lac de 15530 hectares, long de cinq lieues et demie, large de six à quatorze kilomètres, que le talus du railway longe et domine.

Le premier wharf est à Saint-Chamas, où une poudrerie

fut créée, où la Touloubre est franchie par le pont Flavien.

Le second est à Berre, qu'une barre de sable sépare de l'étang susnommé, et qui fut une place forte.

Nous tournons encore, avant de nous arrêter à Rognac. Pour joindre Aix, je rencontre ici un mauvais train-omnibus. Ce fut pourtant une ville puissante, car les Romains, ses fondateurs, l'adoptèrent, 124 avant Jésus-Christ, et Marius y rapporta les dépouilles des vaincus.

Elles l'enrichirent de ce qui lui manquait encore, quoique le consul Sextius Calvinus l'eût proclamée excellente, pour le miracle de ses thermes. Supplantée par Arles, saccagée par les Sarrasins, elle se releva à peine au temps où la cour des comtes s'y tenait, et où le roi René y fondait une procession célèbre. Le connétable de Bourbon l'ayant prise, Charles-Quint s'y fit couronner. Capitale de la Provence, elle en posséda le Parlement. Chef-lieu des Bouches-de-Rhône, elle en obtint l'archevêché. Mais l'an VIII transféra la préfecture à Marseille. Depuis lors, Aix perd, lambeau par lambeau, ses attributions. Si jamais les Facultés émigrent, la dernière ressource administrative s'en ira avec elles.

Je me le dis, pendant que mon convoi, suivant la voie unique, tourne le dos à l'étang de Berre. Il prit cinquante minutes de retard, à manœuvrer cyniquement, à extirper une locomotive éclopée d'une remise branlante, à s'alourdir de fourgons pleins. Nous suivons l'Arc, entre des collines rocheuses, où se huchent des villages, où Velaux se coiffe de sa tour. Puis se présente un défilé frais, l'eau courant sur des rocs, les falaises se couronnant de pins. Un aqueduc grandiose enjambe. C'est Roquevafour, où l'adduction de la Durance nécessita cet ouvrage puissant. La longueur est de 375 mètres et la hauteur de 82. Trois étages superposent leurs arches solides. L'ingénieur de Montricher les construisit, de 1842 à 1847, moyennant 3.700.000 francs.

Aqueduc de Roquefavour.

Aujourd'hui, on se contenterait d'un siphon, plus économique, mais moins décoratif.

Cette masse, où la pierre conserve sa rugosité, écraserait le hameau champêtre, blotti à ses pieds, si elle ne complétait un décor de banlieue boisée, que les Marseillais apprécient.

Au delà, nous retombons dans une vaste plaine ondulée, aux « bastides » quelconques. Des lignes de montagnes se rangent bientôt en un cirque verdoyant. Aix y surgit.

Le mont de Sainte-Victoire redresse sa tête chauve, au sommet d'une chaîne farouche. On y explore les gouffres des deux Garagaï, y visite les ruines d'un monastère célébré par Walter-Scott, y monte en pèlerinage à une croix colossale.

Par-dessus la ville toute claire, des clochers piquent l'air. L'avenue Victor-Hugo m'y conduit, bordée de fabriques, où les pâtes de fruits s'agglomèrent en croquettes, rivales des canissons fondants.

Tout de suite le charme opère. Sur la place de la Rotonde, la fontaine du Verdon est très monumentale. A gauche, un haut calvaire survit aux laïcisations, et protège la tranchée qu'occupe la gare de petite vitesse. Le Casino, un peu triste, sans élégance, sert à des représentations occasionnelles. A droite, le cours Mirabeau arrondit un tunne de verdure, unique et glorieux.

Les platanes, sur quatre files, mêlent leurs têtes épaisses, à travers lesquelles filtre à peine un jour de chesnaie royale. A l'entrée, deux groupes de Truphème veillent. Les eaux jaillissent au rond-point, en gerbes irisées, ou pleurent sous le dôme d'ombre, en trois bassins successifs. Le dernier fût s'orne d'un « Roi René », par David d'Angers.

L'eau et le feuillage, telle est la supériorité d'Aix, sous ce ciel intense, en ce climat qui tarit les sources et rôtit les végétaux. Une suite d'autres boulevards remplace les remparts, semés également de places rondes et de fontaines vives. Comment n'a-t-on pas compris que Marseille, si bruyante, devrait laisser aux universitaires ces échappées péripatéticiennes, dignes des jardins d'Academus?

En aval du Cours, le lycée et la poste indiquent le dessein d'un quartier neuf, mieux tracé, où quelques palmiers respirent, encore enfantins.

En amont, la ville se tasse, éclairée à l'électricité, autour d'un Palais de Justice qui serait aussi aisément une Bourse ou un dock, avec ses allures carrées et son toit en hall.

La prison se carre à l'aise, en plein centre. L'hôtel de ville, dorique et ionique, flanqué par bonheur d'une coquette tour Renaissnace, s'orne intérieurement de la statue de Mirabeau. Des maisons possèdent de riches cariatides, aux muscles saillants, aux chairs burinées. Cette tendance vers la force rappelle le passé, mieux que les Thermes, blottis dans un trou, presque au dehors.

Leur parc englobe la tour croulante de Toureluco (d'où l'on reluque tout). Ils sont médiocres. Eux aussi souffrent de la décadence.

Je reviens à la cathédrale Saint-Sauveur. La façade en serait imposante si elle ne se trouvait également en contrebas, et si les sculptures de la porte n'étaient cachées derrière des volets protecteurs, représentant des prophètes et des sybilles. Un temple d'Apollon occupa le même emplacement, où s'épaulent côte à côte trois nefs diverses, sans grandeur. J'ai retrouvé avec plaisir, dans le baptistère, les huit colonnes de l'oratoire païen, supportant une coupole peinturlurée, et j'ai visité au chevet un cloître croulant, où s'entassent des débris de tombeaux.

En face, je signale la Faculté des Lettres. Celle de Droit est voisine. Chacune occupe de la sorte un bâtiment différent, parfois un hôtel seigneurial. Pourquoi accuser Aix d'antédiluvianisme?..

J'ai noté, cours Mirabeau, devant les terrasses des beaux cafés, auprès des pataches à destinations multiples, une automobile, qui dessert Salon par Lambesc, en suivant l'ancienne Voie Aurélienne.

Je suis entré simplement à Marseille, par la ligne de Grenoble. Elle coupe des vallées, dont la première, celle de Luynes, nécessite un superbe viaduc courbe. L'unique gare importante est Gardanne, où naquit Claude de Forbin, où s'embranche la voie de Brignoles et Carnoules.

Des besoins de croisement nous immobilisent désagréablement, en pleines ténèbres, devant des disques dont l'œil sanguinolent fixe notre inquiétude. Nous gravissons, puis dégringolons des rampes. Simiane passe inaperçue, au bas du Pilon-du-Roi, dont je longerai la face méridionale, en allant à Toulon. Bouc-Cabriès, qui s'appelle aussi Albertas, fut une place très forte. Tout près, le bassin du Réalfort apure la Durance. Le tunnel de l'Assassin se franchit. Nous rejoignons aux Aygalades la grande ligne, non sans subir une longue pose devant l'aiguille.

Tout le grand trafic s'opère en effet par le tunnel de la Nerte, souterrain d'une lieue et demie. Nous avons évité cette ombre, mais nous sommes forcés de livrer le passage à de plus pressés. A nos pieds, dans l'éboulis d'un effondrement, la Méditerranée apparaît, comme si se déchirait un rideau, comme un changement à vue de féerie, comme pour vous envelopper de douceur, de poésie, et de lumière, à la fois paisible et conquérante.

Elle est claire, elle est bleue, plus bleue, plus claire que l'azur et la transparence du ciel même. Le bruit de ses vagues courtes monte du fond des criques rocheuses, que nous dominons. En bas, à droite, s'avancent les contreforts du cadre, d'une aridité et d'une blancheur farouches. Les cheminées des usines vomissent une fumée vite dispersée. Des goélettes et des felouques se dandinent dans de petits ports. Au fond, à gauche, c'est Marseille, dénoncée par la flèche de Notre-Dame-de-la-Garde, qu'irradie le soleil.

Le château d'If, les îles Pomègue et Ratonneau émaillent la rade. Une buée signale la vaste cité, haleine d'un demi-million d'êtres accentués, nerveux, recuits, fils de Grèce devenus les Levantins de France. Sous nous se suivent les villages suburbains, les toits de tuiles récentes, les fabriques, les entrepôts. De petits trams, remorqués par de maigres rosses, soulèvent la poussière des routes défoncées. Ce sont, au faîte des tranchées, de petites « bastides », casées parmi les pins poudrés; puis de vastes édifices, des pensionnats, des hôpitaux, des casernes. Enfin le hall de la gare s'élève tout neuf, sur ses murailles encore propres, un hall de fer, gaiement peint en clair.

Ici s'entr'ouvre, ô touristes, la porte de l'Orient. L'héritage des Phéniciens se résume en un *assent* qui fleure l'huile, l'aïoli, et la bouillabaisse. Les légendes moqueuses vont se dissiper devant la puissance de l'admirable ville laborieuse. Paris est loin, bien loin. Je n'ai plus le droit de prendre au sérieux ses lazzis, en présence de Phocée toujours belle, toujours puissante, dans cette soirée de janvier où son peuple baguenaude à travers les rues et où la Cannebière flamboie de ses lampadaires électriques contre lesquels les oiseaux de nuit viennent se briser le front.

I

VINGT-CINQ SIÈCLES APRÈS

Pour juger Marseille, il faut accomplir trois pèlerinages classiques : à Notre-Dame-de-la-Garde, à Bonneveine, à Longchamp. Si l'on a le pied marin, on y ajoute le château d'If. Les naïfs seuls se bornent à opérer le tour des bassins et à contempler celui de la Joliette avec des yeux ronds.

C'est le but inévitable. Lorsque fut créé le nouveau port, il surprit un public accoutumé au Vieux-Port. Nous avons marché, depuis le plan de Freycinet. Je n'ai rien trouvé d'extraordinaire à ces quais gorgés de marchandises, sinon qu'il faut une barque pour y pénétrer. Un monopole accapareur enclôt ces étendues. Je préfère Le Havre, avec ses ponts tournants, ses écluses, ses marées, tout un outillage hydraulique qui se réveille à l'arrivée du flot, et surtout avec ses jetées, entre qui passent pêle-mêle chaloupes de pêche, goélettes aux voiles gonflées, transatlantiques colossaux. Nous sommes déconfits, gens du Nord, lorsque nous visitons un port méditerranéen, par la constance de cette eau sereine, qui ne baisse ni ne monte, qui lèche toujours les mêmes pierres au même niveau, qui permet aux ingénieurs d'ouvrir partout des issues vers elle, et qui n'est pourtant pas moins cruelle que l'Océan.

Un môle de roches brutes englobe un pan de liquide. Voilà un bassin, qui se maintiendra à flot. Impossible ensuite de s'asseoir sous un phare, ni d'assister aux arrivées, aux départs de ces vaisseaux, qui apportent, qui emportent la fortune du monde et l'espoir des passagers, fonctionnaires coloniaux ou simples touristes, voire Anglais se rendant en Égypte ou aux Indes, car leurs malles partent à présent d'ici, et une voie particulière fut tracée, entre l'Estaque et Arenc, afin de permettre au « train péninsulaire » d'atteindre directement le quai.

Le désir d'agréer aux voyageurs a même provoqué la construction du tramway électrique qui, par une courbe habile vous descend de la gare aux allées de Meilhan, en pleine cité de vie, de gaieté, d'animation, où ronfle la musique des cafés-concerts, remplaçant l'appel des marchands forains, ouï dans la pureté du matin.

Vingt-cinq siècles d'histoire précédèrent ces maisons construites à six étages, sur deux lignes coupées en croix par les cours Saint-Louis et Belzunce.

Marseille a célébré, en 1899, ses deux mille cinq cents ans de prospérité, puisque ce fut en 599 avant notre ère que les Phocéens, fils d'Ionie, débarquèrent chez les Ligures, au moment opportun où Nann, roi des Ségobriges, s'occupait à caser sa fille Gyptis, un assez beau parti.

On devait régler l'affaire à table. La jeune personne désignerait son fiancé, en lui tendant une coupe d'eau pure. Elle choisit Photis. D'autres auteurs, arguant d'une inscription provenant d'un temple de Baal, prétendent que Tyr ou Carthage possédèrent ici un droit de préemption. Bref, la municipalité adopta la première explication, plus poétique, et mise en musique. A moi, qui ne suis pas d'une exigence ridicule, Photis me convient et Gyptis m'agrée.

Massalia fut une cité puissante, quoique avec des débuts pénibles. Un lieutenant de Cyrus ayant détruit Phocée, la mère patrie envoya à sa pupille ses meilleurs enfants. Aristote, Cicéron, Valère-Maxime ont vanté cette république, dont les marins exploraient la Méditerranée. Rivale de Carthage, elle engendra Nice, Antibes, Hyères, Agde. Pour arracher les deux premières à des ennemis, elle attira les Romains en Gaule. Ils la respectèrent, mais sa résistance à César lui coûta son empire, sinon son autonomie. Après quoi, les Visigoths n'en firent qu'une bouchée.

Burgonde, Ostrogothe, Franque, elle aida ses vicomtes à s'émanciper. En 1112, elle leur acheta une charte. Charles d'Anjou la conquit, puis le bon roi René la délivra. La France la réduisit en annexant la Provence, et ses femmes loyalistes obligèrent le connétable de Bourbon à lever un siège. Depuis lors, sauf sous la dictature du consul Casaulx, lequel la livra aux Espagnols et fut tué par Libertat, Marseille suivit notre destin, à travers mainte émeute.

Au XVIIe siècle, elle chassa Louis de Valois, résista au

duc de Mercœur, ne capitula que devant Louis XIV en personne.

Révolutionnaire, elle désemprisonna ses représentants embastillés et envoya ses fédérés à Paris, où ils apportèrent l'*Hymne de l'armée du Rhin*. La suppression de l'ordre de Malte l'ayant soulevée contre la Convention, Carteaux la reprit. Thermidor y fut acclamé, comme ensuite les Bourbons. Après les Cent-Jours, le bruit de Waterloo y ayant été salué par une réaction royaliste, les soldats du général Verdier, qui se replièrent vers Toulon, répondirent aux cris de : « Vive le roi! » par la *Marseillaise*. Maintenant, on y chante la *Carmagnole*, pêle-mêle avec la romance et les dernières chansons de Paris.

Une fois au quai, j'obliquai à droite, vers la vieille ville, car je l'aime parce qu'elle est grecque, sinon italienne.

Dans la presqu'île, entre le fort Saint-Jean, la Joliette et la rue de la Ré.blique, grouille une plèbe ardente, mêlée, chaude. On y croise des Levantins, des Bretons, des Arabes, des Nervis et des calfats. L'antique hôtel de ville, dont l'écusson est de Pierre Puget, dont un pont-corridor enjambe la rue de la Loge par une sorte de Pont-des-Soupirs, préside aux ébats.

C'est la poissonnerie, où les marchandes ont un accent qui fleure le terroir, et c'est la place Victor-Gélu, où les débardeurs s'occupent à des jeux caractéristiques.

C'est la montée du Saint-Esprit, menant à la place de l'Hôtel-Dieu, flanquée d'un calvaire avec cloître au-dessus et grotte en-dessous, près d'une église lépreuse, au dôme rond et peint.

C'est, partout et en tout, l'intensité d'une vie diverse,

VUE GÉNÉRALE DE MARSEILLE.

abominable ici, amusante ailleurs, traversée de trôlées d'enfants barbouillés au jus des fruits d'Orient, où les commères traînent en caracos sur les portes des ruelles à escaliers puants, où les hommes exercent des professions extérieures.

Cet îlot, en dos d'âne au centre, constitue un phénomène unique et piquant. Les omnibus tournent autour, le long de la rive, et les tramways le frôlent, sans y pénétrer. On redoute toujours de recevoir un baptême d'ordures sur la tête ou un coup de poignard entre les omoplates. Les agents de police se hasardent timidement. Le lieu est malsain et délicieux. Enfin, tout au bout, la Major, commencée en 1858, livrée en 1893, cathédrale byzantine, chef-d'œuvre de Vaudoyer et d'Espérandieu, se dresse, chose de lumière et de couleur, qui coûta quinze millions.

Serait-ce une audacieuse affirmation ?

Non, ce n'est qu'un prestigieux objet de décor, posé au bord de la Méditerranée, pour être vu du large, comme les mosquées arabes et les minarets turcs; comme aussi ce palais de Longchamp, de l'autre côté, sur le coteau, façon de petit Trocadéro, masquant les bassins de la Durance. Derrière, dans le jardin, quelques animaux grelottent, justifiant un établissement zoologique. Et l'on redescend vers la Cannebière.

Elle ne m'a jamais ébaubi. On y rencontre des cafés comme à Paris, des étalages comme à Paris, des camelots comme à Paris, des pickpockets comme à Paris. Trop à l'instar, la merveille!... D'ailleurs, Marseille s'est aujourd'hui percée d'autres voies, qui la capitalisent complètement, s'ils ne l'embellissent.

Ce qui possède réellement du charme, c'est le climat, l'azur, le mouvement, la mer. Des Haussmann, on en a partout, moyennant finances. Le site ne s'achète point. Celui-ci attirera éternellement, parce qu'il active la pensée, évoque le rêve de nos lectures enfantines, nous montre l'histoire dans un cadre de rutilance et de vigueur.

Pour aller ensuite à Bonneveine, de la Bourse, deux tramways circulent au choix, l'un par le Prado, l'autre par la Corniche. Il faut prendre les deux, et accomplir la tournée complète.

Par le Prado, vous traversez des voies droites; franchissez le rond-point Castellane où une obélisque se dresse, enfilez la splendide avenue. Elle offre ses quatre rangées d'arbres, couloir de platanes, perspective unique. Pourquoi les voyons-nous sans feuillage? Au printemps, l'aspect en est exquis.

Arrivés au bout, après trois kilomètres, un second boulevard conduit à une délicieuse plage de sable fin, que borde le parc Borély. Là est le rendez-vous d'été. Je le préfère aux Cascines de Florence(1), quoiqu'il soit moins vaste. Néanmoins, on y assiste en janvier aux courses, sur un hippodrome excellent. Pour le retour, le deuxième tramway ne quitte plus le rivage.

Sa route y serpente, entre le roc et l'abîme. Partout des propriétés s'accrochent, parmi les verdures. Les ravines sont franchies par des viaducs. Au fond, sur une grève minuscule, dorment les embarcations aux quilles peintes, et de suggestives guinguettes vous incitent à y abriter du

(1) Lire *Au Pays Latin* du même auteur.

11

CORNICHE
DE MARSEILLE.

bonheur, n'ayant qu'une aile à ouvrir, pour fuir au large.

Le tramway corne, siffle, crie, vire, ralentit, grince, indifférent. Lorsqu'il s'arrête, à un croisement, la voie étant unique, des voyageurs rares y prennent place. La « corniche » chôme en ce moment.

Je rentre en ville par des faubourgs émaillés de casernes, retombe au fond du Vieux-Port, retrouve le monument carré de la Chambre de commerce, achève ma journée à Notre-Dame-d'en-Haut.

Ce serait le meilleur nom à Notre-Dame-de-la-Garde, le sien étant répandu à de nombreux exemplaires, presque sous tous les cieux, généralement sur toutes les cimes. On pourrait aussi dire : Notre-Dame-de-l'Ascenseur. L'appareil, que des capitalistes collèrent à la butte déboisée, la dépare un peu, s'il la singularise. J'excuse l'intention de hisser les asthmatiques, les impotents, les paresseux, vers ce belvédère.

L'intérieur est aujourd'hui une symphonie de mosaïques, dans un écrin de granit polychrome, orné de béquilles, d'ex-voto, défroques de misère et de foi.

A l'extérieur, devant la porte de la chapelle, accoudé au balcon, l'éblouissement persiste.

Marseille s'étend sous soi. On distingue des toits rouges, des rues, des boulevards. Autour, les coteaux se hérissent sur l'horizon, farouches. Et la Méditerranée se couvre de voiles, de fumées, d'îlots, magnifiquement.

En promontoire, s'avance le fort Saint-Jean, faisant face à la pointe du Pharo. Le fort est nu, et le Pharo possède l'ancien palais impérial, transformé en édifice universitaire. Des milliers de mâts peuplent les darses. La cathédrale byzantine, aux dômes attendus, s'impose et rutile. Même après avoir visité Venise, j'ai pris plaisir à cela, j'y reviendrai, j'y pousserai les autres vers l'azur, où surgirent les panthaconthères de Photis, reconstituées pour les fêtes du vingt-cinquième centenaire.

Des coups de mines partent de la base du massif, que font sauter des carriers, sous la Corderie. Une buée monte, qui attendrit un peu la trop éclatante Massalia. Deux fois l'an, les gens qui ont des yeux voient se profiler d'ici le triple cône du Canigou, sur le disque du soleil, au moment où il se couche dans la mer. Je le regarde se noyer avec une lassitude dédaigneuse. Il illumine les clochers, les coupoles, la cité énorme, fille d'Apollon et de Mercure, dont les cheminées fument comme un encens à la gloire des dieux.

II

CHATEAU D'IF

Tout le monde sait que Dantès ni l'abbé Faria n'ont jamais existé ; mais, pour visiter leurs cachots vides, tout le monde va au château d'If. O prestige du conte!... Sans Dumas père, la prison d'État attirerait encore, avec ses murs biscornus, complétant la roche, plantée en pleine mer, entre la côte et les îles de la Quarantaine.

Sur ce fond bleu, sous le bleu du ciel, contre le récif, les flots moussent et clapotent. On a mainte facilité d'y aborder. Des bateliers vous transportent pour un écu, et un petit paquebot vous mène pour une livre. Je conseille le batelier, d'abord parce qu'il est moins banal, ensuite parce qu'il est plus expansif.

La toile blanche ressemble à une virgule. Le voyage ne présente aucun danger. Les vers de Théophile Gautier chantent dans ma mémoire, avec l'air vieillot qu'on y accrocha :

> Dites, la jeune belle,
> Où voulez-vous aller ?
> La voile ouvre son aile
> La brise va souffler.

Elle souffle même un peu trop vivement, ce pendant que je longe le fort Saint-Jean, double le Pharo, laisse à gauche l'anse des Catalans, et m'éloigne. A mesure que le rivage se retire, il m'enveloppe davantage. A l'ouest, par delà les bassins nouveaux, l'Estaque brille; à l'est, Aubagne se cache. Marseille s'étage, de ces deux banlieues à celles du nord, en un ordre charmant, encadrée de monts rugueux. Les navires nous croisent, animent en passant le tableau, comme s'il ne vivait déjà par lui-même.

Le batelier radote, jacasse, étourdit de sa faconde. Il en sait, des histoires !... Celles que je ne comprends pas bien, je les avale avec les autres. Du reste, voici le but.

En une crique, la barque danse. Un escalier, dont les marches dernières paraissent et disparaissent, sert de débarcadère. J'y saute à travers les vagues, et je grimpe vers une plate-forme, ceinte de remparts, qui domine un restaurant, avec quelques cabines de bain.

Construit en 1530 par François Ier, geôle royale, puis caserne Kléber, le château forme bloc, entaillé d'une poterne, laquelle ouvre à son tour vers une cour intérieure, carrée. Les prisons occupent l'étage, que dessert un balcon de fer. Chacune a sa porte. Tout de suite, j'éprouve un soulagement ; je pense que ça n'est pas bien terrible, en dépit de ce que l'on m'explique, non sans exagération.

Vous vous figurez que les Marseillais ne tinrent sous clé qu'un couple imaginaire!... Eh bien, détrompez-vous. Le château d'If dégote Belle-Isle-en-Mer, le Mont-Saint-Michel, Sainte-Marguerite, les diverses ergastules, isolées et sauvages, montrées au touriste. Des savants, des martyrs, des princes, des assassins, on en offre pour tous les goûts. Le cicerone appelle et rappelle les histoires.

Ici, fut le Masque-de-Fer ; ailleurs, fut Philippe-Égalité.

Je m'étonne. Mon scepticisme ne le démonte nullement; il est convaincu. A force de répéter sa leçon, comment y résisterait-il? Le brave homme daigne à peine sourire lorsqu'il vient à Faria et Dantès, et ne pas insister, afin de me vendre de leurs reliques.

Je voudrais pourtant démêler un peu de vérité, à travers ce débordement de fantaisie qui marie les noms de bandits célèbres en Provence à ceux de mythes illustres à l'Ambigu.

On enfermait, prétend-il, des condamnés de droit commun. Je ne m'émeus point encore, jugeant la pénitence assez douce, en ces pièces aérées, éclairées, égayées par des soupiraux où passe le soleil, d'où l'on domine la rade. Notre Roquette fut moins hygiénique. Je n'oublie pas la dalle que tu usas de tes pas, ô Bonivard (1), patriote scellé à la chaîne, captif tournant autour de la colonne, dans le souterrain romanesque de Chillon, au-dessous du niveau du Léman. Tu aurais envié le meurtrier vulgaire, qui soupirait au château d'If, bagasse!...

Le gardien spécifie à présent. Il désigne une salle du rez-de-chaussée, où siégea le Tribunal révolutionnaire. Serait-ce vrai?

Puis il nous pousse sur la terrasse, plus haut, et là des caractères sont gravés dans la pierre, entremêlés, fournissant des noms roturiers.

— Qui sont ceux-ci? demandai-je.

— Ce sont les proscrits de Juin et de la Commune. On les a entassés, en attendant de les déporter. Ils s'écrasaient.

(1) Lire *Au Pays des Lacs* du même auteur.

Je ne ris plus. Alexandre Dumas n'est pour rien en cette affaire. Une plaque commémorative l'évoque.

— Mânes des courageux martyrs de la démocratie, dit-elle, reposez en paix.

Ceux-là furent les vaincus de 1848 et 1851, soldats volontaires d'une idée, atteints par la revanche de l'ordre, écrasés sous le rouleau social.

Auparavant souffrirent le marquis de la Valette, Glandevès de Niozelles qui commit le crime de se présenter couvert à Louis XIV, et Mirabeau que son papa châtiait de ses intempérances. Deux cadavres firent une halte en ce lieu : celui de Kléber, celui du prince Casimir de Pologne. La réalité s'impose, auprès de la fable. Tandis que, de ce faîte, mon regard embrasse le panorama, empourpré des rougeurs du couchant, la tristesse me vient du sang répandu, du sang authentique.

Ceux qui pâtirent à cette place jouissaient du même enchantement. Ils voyaient l'Estaque, Montredon, Marseille s'illuminer, ainsi que pour une fête, dans la nuit tombante. Mais ils frissonnaient, guettant le vaisseau-bagne qui devait sortir du port, cherchant l'hypothétique barque, rêvant d'une évasion inespérée.

Je contemple enfin les îles Ratonneau et Pomègue, les « îles de la Quarantaine », reliées par la jetée du port du Frioul, avec leurs roches d'un gris blanc, sur lesquelles se détachent des immeubles aux tuiles rouges. De la terre, elles évoqueraient volontiers l'impression de quelque sanatorium d'été, d'un Lido plus au large, où le public respirerait les saines brises. Ne vous risquez point à cette traversée!... Vous seriez pris au trébuchet.

Trois paquebots sur ancres attendent leur *exeat*. Le plus important est un navire des Messageries maritimes, dont les grandes lignes dépassent les berges. L'aventure bubonique n'aura d'ailleurs pas de fâcheux lendemain, ni pour nous, ni pour lui. Je vois embarquer à sa destination des victuailles et des liquides plutôt rassurants. Quant aux pensionnaires, pourquoi prendraient-ils la mouche?

Bien logés, servis plantureusement, ils paient là-bas des tarifs fixes, fort inférieurs à ceux des hôteliers de la Cannebière. La vue doit être superbe. Je me consolerais de leur malheur, malheur qui s'achève après une semaine de patience, et je citerais quelqu'un qui, ravi de la passer en un pareil site, moyennant six francs par jour, ne craindrait même pas de voisiner avec la peste, pour fuir à si bon marché le choléra des additions.

Les mesures d'ailleurs ont été prises, depuis dix années, en vue d'assainir notre port principal. Un réseau d'égouts, comprenant plusieurs centaines de kilomètres, emporte les germes locaux au loin, dans l'est, en un endroit désert, sous d'énormes falaises. Le canal de la Douane ressemble un peu moins à celui du Dépotoir. Malgré ces dépenses, de temps en temps les faubourgs manifestent, et cela ne finit pas toujours innocemment.

M. Poubelle, qui administra les Bouches-du-Rhône, m'a raconté jadis comment il tint en respect la foule, à une époque où elle menaçait de déboulonner l'écusson du consulat italien. Quand la gendarmerie arriva, sa première victime fut le chef de cabinet du préfet. Pandore, simpliste, ayant vu s'agiter un monsieur en civil, n'avait pas douté que ce ne fût un meneur, et il le passa d'urgence à tabac.

Mieux instruit, on se méfie des répressions. Les préfets défendent à présent l'ordre public du fond de leur bureau. C'est seulement dans leurs entrevues avec la municipalité socialiste, que ces fonctionnaires montrent de l'énervement. Pour l'instant, on marche d'accord, estimant que la France va être encore défendue par les Marseillais.

Je rentre. Devant la Bourse, grouille le populaire. Les tramways se succèdent, le long de la Cannebière, légers, complets. On crie les journaux du soir, pour les dépêches qui nous parlent de la Chambre et des courses. Les fillettes en cheveux, dans des jupons aux couleurs vives, jettent des sourires aux consommateurs, et mordent leurs lèvres rouges comme des pastèques. Une douceur printanière descend du baldaquin céleste, où les clous d'or des étoiles reluisent et clignotent.

— Garçon, un apéritif.

Car je m'assieds à une terrasse, en un épanouissement d'égoïsme, songeant au Paris d'hiver, où la boue englue les pavés, où la brume brouille les vitres, où courent les voitures closes vers des spectacles routiniers.

Ici l'Opéra joue le répertoire. Les Variétés font le maximum. Le Gymnase a des clients. Dans les cafés-concerts, la foule apprend nos niaiseries. Mais la rue, admirable et futile, constitue à elle seule le meilleur théâtre, qui jamais ne chôme, qui jamais ne lasse.

II

PAR LA VALLÉE DE L'HUVEAUNE

Un jour viendra peut-être, où on ira de Paris à Nice sans sortir d'une impasse. Pour cela, on s'occupe à construire les cinquante kilomètres qui manquent, entre Digne et Puget-Théniers, et on passera directement des Basses-Alpes aux Alpes-Maritimes, par un raccourci présentant un intérêt stratégique de premier ordre, reliant toute la défense, mettant notre frontière à l'abri des coups de main et des boulets. Ce sera un plaisir de s'y rendre par Lyon et Grenoble.

On atteindra les neiges éternelles, les sommets vertigineux, les abîmes. Puis, brusquement, l'express s'engloutira, enfilera la vallée du Var, débouchera en plein azur, au milieu des orangers, des citronniers, des palmiers et des fleurs. Cet enchantement m'a toujours tenté. Six heures de mauvaise diligence m'ont toujours fait choisir le chemin coutumier, ravissant d'ailleurs.

Quand le train d'Italie a traversé un tunnel et deux tranchées, enjambé le Jarret que détournèrent les siècles passés, brûlé la Blancarde où se détache l'embranchement du Prado, il commence à remonter la vallée de l'Huveaune. Marseille apparaît encore une fois à droite, avec le clocher de la Garde, les aqueducs quasi romains, les maisons aux tuiles rougeâtres. La nécessité surgit alors, de s'élever vers les montagnes farouches, au pied de montagnes plus vertes, sans quitter un site normand et irrigué, où la rivière coule à pleins bords, en toute saison.

Je l'ai vue, fin septembre, après cinq mois de sécheresse, actionner ces mêmes moulins, baigner ces mêmes lavoirs, arroser ces mêmes prairies. Les pluies d'automne la grossissent ensuite. L'unique horreur est de lire, plantées partout, dans les sentes, sur les herbages, d'horribles réclames, grinçant à d'affreux piquets, dont le mistral n'a pu avoir raison. Les gares se suivent, avec des noms du cru, si sonores, si coquets!...

Les Phocéens s'y réfugient, durant l'été, sous les hauts platanes et les grands peupliers, au bord des ruisseaux et des taillis. Les maisonnettes peintes ont aujourd'hui leurs volets clos. En mai, elles les rouvriront.

Voici la Pomme, où se visite la bastide du dictateur Casaulx et la maison Clary, dans laquelle grandirent côte à côte Mme Bernadotte et Mme Joseph Bonaparte, reines de fortune.

Voici Saint-Marcel, terminus actuel des tramways extra-urbains, que défendait un fort romain, que domine le sommet de Carpiagne, que le château Forbin enjolive d'une coquette architecture Renaissance.

Voici Saint-Menet, qui dessert Camoins-les-Bains, *Aigo dou Bouen-Diou*, l'eau du bon Dieu. En cette époque, le petit établissement reste désert. Les hôtels se reposent, ainsi que les villas. Pas d'omnibus, devant la gare emmitouflée de roses grimpantes. Les pèlerins eux-mêmes oublient le chemin d'Allauch, lequel grimpe vers Notre-Dame-des-Anges, où on dîne à 567 mètres, auprès d'une source et au milieu des pins. La chaîne du Pilon-du-Roi passe par-dessus des champs. On me montre la traînée noire de l'incendie qui ravagea les pinèdes de Simiane.

Cependant l'express anhèle, la rampe lui casse les reins, il envoie sa fumée dans les arbres dénudés et sur les murs poussiéreux. Notre vallée se resserre. La Penne et Camp-Major précèdent Aubagne. Nous sommes à la base des monts qui, barrant l'est, vont tomber à la mer.

La banlieue marseillaise cesse, avec cette ville industrielle, de 8000 âmes, peuplée de potiers, qui dresse de hautes cheminées, possède son animation propre, érigea une fontaine en mémoire de l'abbé Barthélemy. La station s'anime d'une bifurcation, qui conduit à Valdonne, près d'une houillère, mais qu'on prolonge céans jusqu'à la Barque-Fuveau, sur la ligne Gardanne-Carnoules, parallèle à la nôtre. Aubagne profite surtout des visites à Saint-Pons et à la Sainte-Baume, dont l'embranchement, serrant toujours l'Huveaume, coupant une vaste plaine qui fut un lac desséché par les comtes de Provence, s'enfonce résolument dans le massif solide qui ferme l'horizon septentrional.

Les Massaliètes et les moines apprécièrent ce coin de fraîcheur et de paix. C'est au sortir du défilé de Saint-Vincent que s'arrêtent à Auriol les fidèles de la Sainte-Baume. Elle est visible d'en-bas, d'autour, des deux départements. Elle forme nœud, entre l'Huveaume, l'Argens et le Gapeau. Elle alimente à elle seule ces trois rivières, toujours laborieuses. Elle offre une surprise alpestre, sous le ciel bleu. Là-haut, poussent les grands hêtres, les hautes futaies, la forêt silencieuse et inattendue.

Recuite par le soleil, elle s'habitue à nos végétations, en vénérant sainte Madeleine dans la grotte où elle s'isola de Lazare et des Maries, à pleurer ses fautes, durant trente années. Les anges l'emportaient entre leurs bras, et les comtes, les empereurs, les rois, les reines, les saints et les saintes, escaladèrent des sentiers sombres, attirés par la douce figure blonde, agenouillée devant la croix.

On note le « rocher de la Pénitence ». Lacordaire y ramena les Dominicains, qui tiennent garnison pieuse devant les souvenirs ressuscités. Cette rencontre de l'ordre farouche, inquisitorial, avec la tendre pécheresse, serait une anomalie, si l'ancien député de 1848, étendant désormais sa soutane blanche sur ses frères, ne cachait celle de Torquemada.

Le train n'a pas, lui, le loisir de traîner à Aubagne. Il emporte, avec le courrier, la foule oisive, qui réclame les casinos, les bals masqués, la roulette. Solide, nerveux, il monte, dans une courbe savante, qui le ramène au sud, sur le flanc des montagnes.

Je revois à droite le Pilon-du-Roi, lequel était tout à l'heure à gauche, et la plaine fertile, et la coulée verte, délimitée par les lignes fines des sommets bronzés de pins.

Enfin nous dénichons une ravine, silencieuse coupure, au fond de laquelle chemine une sente à peine charretière. Nous sifflons, près d'une cabane de surveillant. Le rapide, redevenu lui-même, roule rapidement, bruyamment, dans le tunnel du Mussaguet, long de 2600 mètres, qui sépare le bassin marseillais du littoral varois.

Le département des Bouches-du-Rhône a beau se prolonger en effet de l'autre côté ; un simple caprice administratif lui annexa ce coin de la côte, de la côte bénie, de l'admirable côte que baisera désormais la Méditerranée, jusqu'à la Spezzia. La frontière est franchie. La zone brûlée, ruguease, artificielle, s'évanouit derrrière elle. Nous allons, nous glissons, nous dévalons vers du saphir liquide, enveloppé d'émeraude.

Oh! délice des criques rondes, des promontoires rouges ou verts, des bras noués autour des vagues, des vagues pâmées entre les promontoires!... Les baous (rochers) et les calanques (criques) ne cesseront pas, le long de ce parcours idéal, plus beau que la Grèce, plus aimable que la Sicile, imaginé pour l'admiration des yeux et l'épanouissement des âmes. Si le chemin de fer commit le crime de s'en séparer, entre Toulon et Saint-Raphaël, je ne le quitterai plus, éternel sourire d'une Nature qui ne veut pas grelotter, et qui apprit à ne jamais vieillir.

C'est l'Orient, sans sa rudesse ni ses crudités, avec une tendre feinte à rappeler la France, débarrassée des frimas.

C'est l'insatiable et triple étreinte du soleil, de la Provence, et de la mer, Apollo bigame et apaisant toute jalousie, dans l'impartial partage de ses faveurs.

C'est le pays où mûrit encore l'olive, où se gonfle toujours la grappe de raisin, où fleurit déjà l'oranger, où les grands palmiers d'Afrique dressent leur tête de plumeau romantique.

Je jetterais presque un cri d'admiration, à l'issue des ténèbres, lorsque m'apparaît la cuve d'azur, dans l'échappée d'un vallon solitaire, où le pin s'accroche aux rocs blancs, où des lots de terre fauve se limitent d'aloès aigres, où le cap Canaille — oui, c'est son nom, Canaille comme un flirt,

Canaille comme une tentation ! — précipite tumultueusement ses amoncellements.

Cassis, aux vins blancs qui sentent la pierre, s'efface bien vite. Le tunnel de Colonges, celui des Jeannots, séparés par une vallée à maisons claires, entrecoupent la descente. Nous frôlons Ceyreste, la Cezerista des Massaliètes, où César reposa ses légionnaires, où un *castrum* défiait l'assaut des Ligures. Le golfe des Lèques s'ouvre devant nous, idéal, arrondi, harmonieux, avec des reflets et des scintillements.

La gare de La Ciotat, à cinq kilomètres de la ville, que relie un chemin de fer départemental, est oubliée, lorsque La Ciotat elle-même se montre, groupée sous l'éperon angulaire et surplombant du Bec-de-l'Aigle, brun, nu, hachuré. Au bas, douze mille habitants vivent, autour des chantiers, que trois mille ouvriers animent, aux ordres des Messageries maritimes. Depuis le xv° siècle, l'abbaye de Saint-Victor, propriétaire de la seigneurie, vendit ses droits aux citoyens. Vue du remblai, la ville s'épanouit, la plage appelle les baigneurs. Le sable y a enseveli les débris de Taurœntum, détruite par César, après un combat naval où furent vaincues les flottes de Nasidius et des Massaliètes.

Saint-Cyr est la première commune du Var, illustrée par l'affaire du forçat innocent. Nous allons de calanque en calanque. Le Bec-de-l'Aigle, de plus en plus aigu, avec l'île Verte qui le continue, disparaît derrière un rideau. Un tunnel nous mène à la baie de Bandol. C'est un port exquis, ceint d'une digue de pierres, où flotte une goélette, devant un quai de maisons blanches, et dont l'établissement balnéaire domine une grève claire, que borde la voie

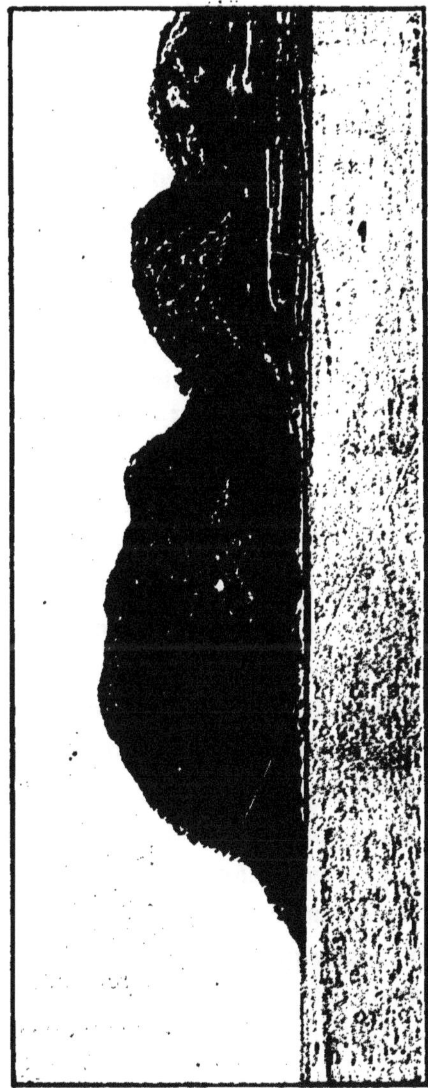

Le Bec-de-l'Aigle.

La chaîne du Gros-Cerveau se rapproche, dentelée, hérissée de forts, coupée par la tranchée profonde des gorges d'Ollioules. Les ravins de la Morvenette et de la Gorguette cheminent vers la mer. Nous l'abandonnons un peu, sans la perdre néanmoins. A Ollioules-Sanary, elle berce encore une rade hémicyclique, semée de récifs, close par la pointe du cap Sicié, dont le sémaphore veille.

Ollioules, à gauche, prospère de ses cultures, étale des champs d'immortelles; Sanary, à droite, se repose avec un port de romance, délimité par les statues de la

Marine et de l'Agriculture, planté de palmiers, où triomphent les batailles carnavalesques.

Un mamelon énorme porte le fort Six-Fours, aux maçonneries rectilignes, dominant toute la contrée. Le train file à gauche, coupe les potagers fertiles, brûle la Seyne cachée par le coteau de Brégaillon, rejoint la route nationale dont le tramway s'est emparé. Un bois, à droite, fut fauché, lors de la formidable explosion de mars 1899, où sauta la poudrière de Lagoubran, où fut rasé un hameau, où une soixantaine de victimes payèrent de leur vie un voisinage stratégique. On y reconstruit imperturbablement, et le premier immeuble restauré fut celui de la gendarmerie. Auprès se trace un hippodrome.

Les maisons se resserrent. Au nord, le mur du Faron, abrupt, comporte des batteries d'artillerie rassurantes. Au sud, je devine la rade; je distingue des mâtures, une grue colossale, l'appareil imposant de l'arsenal. J'approche, car des hauteurs, dont la base m'est cachée, sont celles de la presqu'île de Saint-Mandrier, et des bicoques, au bord d'un torrent desséché, constituent le faubourg du Pont-du-Las. Les ouvrages militaires se multiplient et s'entr'aident. Un talus précède les fortifications. La gare, à hall métallique, retentit du cliquetis des plaques tournantes.

— Toulon, cinq minutes d'arrêt. Buffet ! Les voyageurs pour Hyères changent de train !...

La ville historique, où se rencontrent les escadres, pour l'échange des illusions diplomatiques, va-t-elle m'apprendre le secret de demain?...

IV

A L'ABRI DU FARON

L'arrivée à Toulon est agréable : on débouche sur un rond-point, devant une avenue aux maisons modernes et hautes, boulevard Vauban, place du même nom. Au centre, fut campé un monument patriotique, aux combattants de 1870-71, le monument habituel. Quant à Vauban, il n'a pas volé son parrainage : il demanda beaucoup à cette rade que les Phéniciens découvrirent mille ans avant notre ère et où ils établirent des teintureries de pourpre.

Les Rhodiens, les Phocéens, les Romains prirent *Telo*. Les Goths, les Burgondes, les Francs leur succédèrent. Féroces, les Sarrasins rasèrent ses murs, que des pirates rebâtirent. Ses seigneurs furent alliés de Marseille et d'Arles; Charles d'Anjou l'asservit; la reine Jeanne l'émancipa. Enfin Louis IX ordonna de la fortifier, et Louis XII y travailla avant François Ier, ce qui n'empêcha point Charles-Quint de s'en emparer deux fois, mais ce qui incita Henri IV à mieux la bastionner.

L'arsenal date de ce roi habile, le port provient de Richelieu; pourtant Vauban seul le devina, braqua des canons dans tous les coins, résolut son destin.

De ses quais, Duquesne alla bombarder Alger et Gênes. Tourville y ramena ses captures. En 1701, notre flotte le quittait, afin de se battre, près Malaga. Deux années plus tard, le vieux comte de Grignan, gendre de Mme de Sévigné, y repoussait, sur terre et sur mer, la coalition germano-hollandaise. Toulon devenait inexpugnable. S'il n'avait trahi en 1793, vexé d'être décapitalisé pour Grasse, à la suite d'émeutes diverses où furent massacrés les administrateurs du Var et pendu l'amiral de Flotte, jamais les Anglais n'y eussent pénétré.

On sait comment Bonaparte s'attribua le mérite de les en avoir chassés, quoique petit officier d'artillerie. Fréron et Fouché décrétèrent l'anéantissement de la cité rebelle, que Thermidor sauva, que le premier empire restaura, que le second fit telle qu'elle est.

Les remparts, refoulés en 1852, permirent de tracer ce quartier sain, élégant, monumental, et de caser la gare dans l'extrême pointe septentrionale. De l'est à l'ouest, le boulevard de Strasbourg va, très-large, bordant l'envers d'un hôpital, celui du Théâtre, mais bordé de cafés et d'une large place rectangulaire, que Marseille envierait pour ses palmiers superbes, moins beaux néanmoins que ceux du Jardin de la Ville, où toutes les espèces tropicales s'implantent, où l'antique porte de Notre-Dame-de-Six-Fours encadre un bassin, où barbotent des canards et papotent les commères.

Je préfère la place d'Armes, aux platanes énormes. Quand y joue la musique de la flotte, devant la préfecture maritime et les bureaux de l'arsenal, durant les belles soirées semées d'étoiles d'or. Ici, nous sommes près de l'ancienne ville aux ruelles droites et étroites, dont les bars se multiplient, avec une clientèle de marins pas trop paisibles. Toulon entier vit de ses troupes, de ses ateliers, de tout ce qui constitue son devoir, unique en France, et glorieux, car le hasard, transportant dans la Méditerranée le centre des appétits internationaux, détrôna Brest, Cherbourg, Rochefort, Lorient, à son profit, et les alliances s'y préparent.

Les municipalités cherchent à éventrer le labyrinthe, à tracer une Cannebière. Pourtant, je regretterai le pittoresque, parfois désagréable à mes nerfs olfactifs, toujours séduisant à mes yeux, du grouillement de cette race bavarde, de l'écheveau des logis comprimés et séculaires.

On y flâne, renifle l'Orient à plein nez, reluque les jolies filles brunes aux toilettes claires, éprouve une sensation d'exotisme intense et personnel.

Les allées Lafayette sont un marché d'Afrique, le matin, lorsque se clament les grenades et les melons verts, lorsque se disputent les marchandes et les acheteuses. La poissonnerie offre ses étalages de coquillages et d'huîtres. La place Puget surtout, abritée de gros arbres, semble comme un carrefour de romances, où pleure la fontaine de Toscal, sous le rocher artificiel où se cramponnent des arbustes, que drapent les lierres épais, dont crachent les trois dauphins.

Toulon n'a point de monuments, à moins de demeurer en contemplation devant celui de la Fédération, qui occupe le centre de la place de la Liberté, fond de scène d'opéra décoratif, — ou encore de se planter, en compagnie de quatre palmiers et de deux kiosques, face au théâtre bien façadé, flanqué d'immeubles dont celui de la Caisse d'épargne évoque peu l'idée d'économie, — ou enfin de visiter rapidement les églises de médiocre aspect, Sainte-Marie-Majeure qui fut cathédrale, Saint-Louis qui demeure paroisse élégante.

On s'imprime la mobilité de ces cent mille habitants, dont moitié logent hors des murs, en d'interminables faubourgs desservis par les tramways électriques. Ils refluent aussi jusque sur les pieds de la rude falaise du Faron, où la route militaire zigzague vers le fort de la Croix. Ses feux balayent la rade entière, écraseraient la cité en quelques heures, se croiseront avec ceux du Coudon, d'Evenos, de Six-Fours.

Toulon est un volcan. Les poudrières, les batteries, les redoutes le cernent, le dominent, l'envahissent, l'étreignent. Les cuirassés aussi peuvent, incendiés, jeter partout la mort. Néanmoins les Toulonnais s'amusent et les Toulonnaises se laissent aimer. Un courant de gaieté arrive du large, avec ces lourdes machines de guerre, où se concentrent toutes les ardeurs, puis qui s'attachent à leurs « coffres » et reprennent contact avec nous.

Les équipages, rudes révolutionnaires, apportent des récits fantastiques, des habitudes de liberté, des singes et des perroquets. La plupart proviennent des pays bretons, pépinière inépuisable. De là une population composite. Le Corse et l'Italien y collaborent avec le Celte, tandis que le Provençal se refoule vers les campagnes.

Je me suis amusé, place Armand-Vallée, au va-et-vient des pataches mêlées d'automobiles, qui sillonnent la région de l'est, toujours bondées.

J'ai regardé partir, place Gambetta, les lourds omnibus

de Dardennes et des Routes, qui pénètrent dans la fraîche vallée des Moulins, oasis ou potager.

J'ai finalement rendu la visite obligatoire à l'Arsenal, ville dans la ville, formidable outil de défense et d'attaque, où me pilote un mathurin, délégué par la Majorité.

Douze à treize mille travailleurs franchissent quotidiennement la porte familière, aux quatre colonnes doriques, monolithes de marbre cipolin, couronnées par Mars et Bellone. La tour de l'Horloge, vers laquelle tous ces regards se fixent, réglemente le labeur énorme.

En 1680, Vauban traça le plan de cette œuvre, dans laquelle furent engloutis plus de 160 millions. Sept kilomètres d'établissements s'échelonnent. Une voie ferrée les relie à la gare de la Seyne. L'ancien bagne désaffecté sert de magasin.

Je me suis amusé aux modèles des vaisseaux, aux sculptures des poupes et des proues, aux restes d'antiques trois-ponts, aux pirogues rapportées des îles lointaines, à l'habituel bric-à-brac du Musée naval.

Je me suis laissé détailler, dans la salle d'armes, les pièces réglementaires, joliment arrangées par d'ingénieux armuriers, flore et faune de fer et d'acier, avec des arbres poussant des baïonnettes, parmi les vasques formées de pistolets.

Mais la lassitude vient, d'errer sur des pavages grossiers, d'embarquer en des bacs, d'entendre rouler les machines, de sursauter aux sifflets divers, de ne plus comprendre et de s'embrouiller. C'est un monde trop spécial, qui me pèse. Vite je sors, et j'arrive à la Vieille-Darse, illuminée par le perpétuel sourire du soleil, close de digues, enfermant l'îlot de la Douane, encombrée de transports démâtés où logent des troupes, sans cesse par courue et sempiternellement sillonnée.

Ce sont les paquebots de la Seyne, des Tamaris, de Saint-Mandrier, des îles d'Hyères, qui sonnent, sifflent, pivotent, vont, viennent. Les chaloupes à vapeur, les baleinières se croisent. Des barques ouvrent leur voile ou l'abattent. Tout passe dans l'étroit goulot, entre les deux murs crénelés, que la chaîne reliait autrefois.

Devant l'hôtel de ville, où les cariatides de Puget fléchissent sous la douleur immense de leur misère, le Génie de la navigation tend sa nudité de bronze, le bras impérieux, les muscles saillants, vers l'immensité.

Sur un obélisque, le Janus à double face ricane, en sa barbe païenne.

Les tentes se développent aux terrasses des boutiques. Les voitures sont exilées du dallage qu'affleure l'eau bleue. Les cafés regorgent de badauds. Les camelots, dont des femmes, annoncent d'une voix timbrée le *Petit Marseillais* et la *République*, à un sou. La foule baguenaude, bavarde, discute, déambule, et s'entasse à cette fenêtre d'azur, où je m'accoude, remplaçant en moi la plénitude du rêve par l'acuité de la vision.

Je saute dans un car, traverse la ville, franchis une barrière, note le port marchand, parcours le quartier du Mourillon.

Après un vélodrome où fut joué *Mireille*, après un deuxième arsenal aux murs moroses, après les cales gigantesques sous lesquelles se boulonnent des navires, la mer douce, la mer calme, vient mourir sur les grèves, au pied de

VIEUX PORT DE TOULON.

la Grosse-Tour de François Ier, toujours solide, à la pointe la Mitre.

De là, s'avance, vers la presqu'île de Saint-Mandrier, la jetée audacieuse, dont la passe de quatre cents mètres sert d'unique entrée au bassin formidable. On a tracé, le long de la rive, un boulevard qui serait la « Corniche » de Toulon, s'il ne se butait, après les bains Saint-Hélène et d'Alméras, contre une propriété. Point de casino !... Les clients se contentent de l'eau claire, où je distingue les cailloux. Des galopins maraudent à l'entour.

— On vient beaucoup ici ?...

— Oui, les soirs d'été, après la chaleur lourde.

J'y aurais plutôt froid, pénétré par un vent sec, sain, nerveux, qui soulève de petites vagues et gonfle des voilures triangulaires.

La route tourne à gauche, autour du fort Lamalgue. Un Jardin d'acclimatation est amorcé. Comme la nuit descend, le tramway me ramène vers le quai de Cronstadt, vers la margelle de marbre, vers les cafés bruyants.

Une fête vénitienne paraît se tenir, à droite, du côté que borde l'arsenal. Là s'amarrent les chaloupes militaires, bondées de troupes. Des amis appellent les voyageurs pour la banlieue. A l'orée de la Darse-Vieille, un feu rouge marque la pointe du Petit-Rang . On jacasse, on offre des marchandises, on ne cesse pas de grouiller et d'agir.

Alors la lune s'installe dans le ciel, commodément, globe de clarté et de moquerie, penché vers la puérilité des hommes. Sa traînée laiteuse se perd sur les toits de la ville. Un coup de canon !... La journée est finie.

Les canots-majors, rames levées, tapis sur la poupe,

attendent les officiers; puis s'en vont, l'un après l'autre, d'un mouvement uniforme, sursautant à l'impulsion des avirons, disparaissant vers les vastes cuirassés aux fanaux électriques, laissant en ville les permissionnaires et les traînards.

Maintenant commence le voluptueux épanouissement de la cité, futile et vaillante, qui fleure l'égout et la rose, lutte et musarde, avec l'infatigable joie de se sentir puissamment armée pour la bataille et pour le plaisir.

V

TOUR DE RADE

Il faudrait pouvoir l'effectuer à la manière dont s'opère le tour des lacs suisses, soit en lacets, soit circulairement, car c'est bien un lac, cette rade, lac tranquille, lac heureux, lac envahi. Mon ami Porchier me le disait :

— Nous serions une station plus belle que Nice, sans la marine. Toulon s'est sacrifié à la France. Ayez-lui gré de sa résignation.

Je crois bien que Porchier exagère. La marine est aussi une fameuse cliente, moins désagréable que les Anglais. Néanmoins, il y a du vrai. Des calanques et des promontoires sont rendus inabordables par les zones. Le reste se lotit au mieux, en coquettes propriétés particulièrement douces.

Le premier jour, je suis allé au cap Brun, merveilleux comme une explosion de granits volcaniques, dans l'est. par delà la digue qui ferme la petite rade, le nez vers la mer.

Le second jour, je me suis offert toute la petite rade, dans l'ouest, découpée comme un as de trèfle, ayant cette digue pour base, une branche qui pénètre vers le large, une autre qui finit sous la Seyne, une troisième qui vient se casser contre les poudrières et les redoutes de Lagoubran.

Pour le cap Brun, il me suffit de reprendre le tramway de Saint-Hélène, et d'avoir des jambes, afin d'accomplir cette « promenade sur les rivages de la Grèce », promise par George Sand à ses lecteurs. Elle errait souvent, au gré de sa fantaisie, en ces lieux d'apaisement. Je retrouverai demain son ombre aux Tamaris. Aujourd'hui, elle me précède, dans le voyage de verdure et de charme.

Laissant à gauche le fort Lamalgue, contourné par l'unique dégagement du boulevard du Littoral, je suis le sentier tracé pour la douane ou pour la contrebande, et me trouve hors de la petite rade, dans la grande, celle que la presqu'île de Giens protège. La pointe de Saint-Mandrier est dépassée. Devant soi, on embrasse l'étendue.

Des fumées blanches se lèvent, de temps en temps, au revers d'un bois de pins. Un coup sourd leur succède. On tire au canon, des batteries du cap Cépet, de l'autre côté, sur un but invisible, mouillé au large. Soudain, la terre tremble à son tour, sous mes pieds. Le fort du cap Brun, vers lequel je me dirige, répond à l'appel de son semblable, et les boulets passent par-dessus ma tête.

Quelque manœuvre s'exécute. Elles sont quotidiennes, simulacres bruyants, voire dangereux. Parfois un projectile écorne ou rase une barque innocente, qui n'a point vu hisser le drapeau rouge au mât de signaux. Etrange évocation, l'artillerie de forteresse trouble ce site de poésie, et met les mouettes en déroute.

Je regarde choir les choses de mort, dans le miroir brisé de la Méditerranée. Une colonne d'eau, telle un geyser, surgit à chaque immersion. A l'horizon passe un lourd steamer, venant d'Egypte ou de Syrie, allant vers Marseille.

Puis surgissent de grosses bêtes noires et grises, à fleur des vagues, vomissant une haleine fuligineuse. Ce sont les torpilleurs contre qui est dirigé le bombardement. Ils se hâtent, se retournent, se mêlent, se jouent ainsi que des cétacés. D'un coup, ils s'évanouissent, car ils ont découvert une retraite, dans les criques ou derrière les rochers.

Alors, je sens l'odeur des herbes aromatiques monter dans la fraîcheur du crépuscule qui approche, se mélanger à l'âcre relent de la poudre. Le sentier continue entre la batterie du bord de l'eau et le fort, tourne à gauche, traverse des villas romantiques, épouse les contours exquis d'une rive intime. La grosse voix des batailles s'est tue, afin de laisser chanter les grillons dans les herbes.

C'est un coin que l'on s'imagine, en son enfance, à lire les auteurs émus. Des falaises écarlates, sous des pins entre lesquels passe la lumière, marquent la limite orientale de cette baie sicilienne. Les blessures de la mine éventrèrent le granit, lorsqu'on y tailla les blocs dont fut construite la digue de la Petite-Rade. Tout est ombrage, calme, mystère, douceur.

L'anse du port Méjean offrirait une thébaïde, si la menace perpétuelle ne tombait sur elle, des remparts supérieurs.

Les villas luxueuses, dont la plus riche appartient à un Bonaparte-Wyse, après avoir été construite par Sir Charles Dilke, sont toutes soumises au risque de guerre, asservies aux exigences stratégiques, vouées aux bouleversements éventuels.

Alors me vient une tristesse. Patriote, j'approuve nos ministres de hérisser ainsi la meilleure défense maritime de ce pays. Écrivain, je m'irrite de voir tant d'horribles accessoires en chasser les pêcheurs et les oiseaux. Lentement, puis plus vite, je gagne l'extrémité de ce cirque, tandis que les ombres y descendent avec mélancolie.

Un chemin sous bois remonte au nord, rattrape entre deux murs la route poussiéreuse, permet de prendre l'omnibus qui passe d'heure en heure.

Cahotant, il longe des parcs, des châteaux, des auberges, des bicoques. Par de belles grilles, je découvre de longues avenues de palmiers, qui mènent à des logis de millionnaires. Les grands eucalyptus exhalent leur âme tendre et parfument l'air du soir.

Un dernier reflet traîne du Faron au Coudon, et un pont franchit la rivière des Amoureux, avant le tunnel qui, sous les fortifications, ramène à la place Armand-Vallée, encombrée de ses véhicules multiformes et omniroulants.

Le lendemain, ce sont des bateaux qui m'emmènent, du quai de Cronstadt, vers l'autre côte, sillonnant le vaste bassin.

Les premiers appartiennent aux forges et chantiers de La Seyne. Ils ont fait à Paris l'Exposition de 1889. Leur clientèle reste plutôt ouvrière.

Les seconds furent nolisés par Michel-Pacha, afin de lancer ses terrains, sans oublier ceux d'autrui. Ils passent tous aux Tamaris ; mais les uns piquent ensuite vers Saint-Mandrier, tandis que les autres longent jusqu'aux Sablettes. Leurs fidèles sont touristes, hivernants ou baigneurs.

J'ai choisi la ligne de Saint-Mandrier, parce que, me conduisant à une extrémité, elle me laisse le plaisir de revenir.

La Petite-Rade, coupée droit à la pointe de Balaguier,

est occupée par l'escadre. Les lourds cuirassés dorment, sous le séchage de la lessive du bord. Des barques errent. Les cales du Mourillon et la Grosse-Tour, à gauche, se dessinent. Puis la digue s'ourle d'une légère écume. Nous filons à droite vers un monticule, dont les pins enferment le fort Caire.

Là fut le fort Mulgrave, celui que Bonaparte reprit aux Anglais. Sa batterie, sur un coteau proche, était intenable. Le sergent, sur l'ordre du futur empereur, mit dessus une enseigne : « Batterie des Hommes sans peur. » Il n'en reste que les débris d'un four à boulets, parmi les broussailles, au lieu dit la Roquille. Quant au fort, dont l'assaut nous livra la clé de Toulon, il nous la conserve céans, moins décisif qu'autrefois, puisque nous montons nos canons plus haut et plus loin.

Derrière, l'anse du Lazaret était cachée.

Là George Sand découvrit les Tamaris, avant que Michel-Pacha y traçât une station, autour de sa villa du Manteau.

Palmiers, aloès, maisons à terrasses, hôtel énorme, petit casino, rien n'y manque. L'entrepreneur des phares ottomans vieillit céans, tel un prince, tandis que les Toulonnais admirent les fausses mosquées, l'institut ichtiologique, les avenues d'Orient, laissant aux étrangers l'honneur d'y habiter.

Au fond, sont les Sablettes, plus économiques, reliées à la presqu'île hospitalière par une isthme étroite et plate, au delà de laquelle les rochers pointus des Deux-Frères se montrent, à trois kilomètres en mer.

En face, est Saint-Mandrier, vert et mamelonné, avec

son hôpital militaire, sa colonnade, sa coupole, triste étape de maladie et de mort.

J'y débarque, après avoir touché Tamaris, et je contourne l'anse peu profonde du Creux-Saint-Georges, ornée d'une mairie, d'une église, de divers cabarets. La route est délicieuse. Protégée des vents par tout l'épaulement de la montagne, elle détache ses embranchements vers les quatre batteries qui, côté du large, tonnent sans cesse, envoient de grosses fumées autour des arbres. A mes pieds, chaque détour réserve un aspect différent, soit sur Toulon, soit sur le cap Brun, soit sur Tamaris. Des voiles blanches courent, inclinées avec élégance, et les minarets de M. Michel jettent leur note cocasse dans les verdures sombres.

Il y a des coudes qui seraient des prétextes à cascades, si les ravins ne restaient secs comme un ordre militaire. Un docteur s'est bâti un château, orné d'une sorte de phare, sur le versant qui regarde coucher le soleil. L'isthme se présente, après le hameau de Saint-Elme, langue de sable, où passe une avenue, près de roseaux.

Ce cul-de-sac du Lazaret manque d'eau. Les huîtrières l'ont affermé. Leurs cahutes, sur de grêles pilotis, évoquent l'idée d'une colonie lacustre. Le chenal du vapeur, dragué et balisé, le conduit à un débarcadère, près d'un kiosque abandonné.

Les Sablettes possèdent au contraire une plage excellente, devant un établissement monumental, restaurant avec vaste hall qui domine la baie bleue, hôtel, jardin de palmiers et de fleurs, salle de théâtre, tout ce qu'il faut aux gens fatigués ou paresseux, y compris l'orchestre-apéritif.

Et des omnibus vous ramènent à La Seyne, par une route à travers la campagne, tandis que le soir tombe.

Le cap Sicié dresse son dos en scie sous le ciel clair. En haut se carre le sémaphore, près de la chapelle de la Bonne-Mère, au-dessus d'un précipice vertigineux. On y va en pèlerinage de mai. De la cime, les neiges des Alpes se montrent au nord et la côte tout entière se déroule à vos pieds. C'est un panorama que la Provence aime et qui manque de funiculaire.

Cependant j'arrive à La Seyne, au moment où les 5000 ouvriers des Forges et Chantiers se répandent sur le port, où les marteaux cessent de frapper le métal, où la petite ville s'agite comme une métropole, où elle reprend haleine.

Un collège de maristes, une caserne de marsouins, une fabrique de câbles, lui donnent sa vie propre, de gai labeur. Le bateau du service démarre, emmenant une foule, tandis qu'un semblable arrive de Toulon, pareillement envahi. Les étoiles scintillent dans le ciel pur. Malgré la fraîcheur, je demeure sur le pont, épris de cette traversée, qui glisse d'une hélice rapide vers la Darse-Vieille.

Les cuirassés brillent de mille yeux carrés. Une cloche sonne le quart, et un clairon lance des notes sonores. Soudain, les projections commencent. Alors nous semblons petits, tout petits, en cette rade que coupent les nappes électriques, de rais éblouissants.

Elles tournent, illuminent une crique, montrent la carcasse rouge des navires en constructions, escaladent jusqu'aux pentes de Six-Fours, dont la forteresse surgit soudain, dans l'éther.

C'est là que je planterai ma tente. Entre La Seyne et sa gare, au bord de la route qui mène les voitures à Toulon, où un tramway circulera bientôt, une colline se montre, chargée de pins, de vignes, de fleurs. Les débris de la chapelle de Brégaillon y tombent lentement, oubliés des fidèles. Quelques maisonnettes appartiennent à de braves

gens, horticulteurs, retraités, forgerons. J'en choisirai une, bien modeste, tout en haut, pas trop haut, avec ses fenêtres ouvertes sur le paysage.

Il y a une terrasse, très large. Le matin, le soleil se lève à gauche, et il se couche à droite, le soir, ayant fait son chemin, sans quitter des yeux la « Maison du Pays Bleu », si calme.

Mais, la nuit, Phœbé reviendra, pour accomplir le même parcours, devant les mêmes fenêtres, à peine closes, cependant que j'embrasserai le dessin des collines, le damier des rues, le contour de la rade. Une rumeur de forge s'élèvera des ateliers laborieux. Le sifflet d'un train invisible percera les ténèbres transparentes, ou encore ce sera celui d'un bateau tardif, aux lumières glissant sur l'onde immobile. Tais-toi!...

Tais-toi!... Des horloges de La Seyne l'heure s'envole, en ton grave. Puis un battant d'airain pique le quart de veille, à bord d'un navire endormi. La lune nous fixe de sa face blafarde, et les lignes des monts sont d'une harmonie parfaite, autour de nous.

VI

LES ILES D'OR

Elles sont trois, les îles d'Or, semées l'une après l'autre. Les presqu'îles de Saint-Mandrier et de Giens durent compléter l'archipel, aux temps où les courants n'avaient pas amoncelé encore le sable qui les relie au continent. Le *Jean d'Agrève*, qui m'emmène à Porquerolles, lambine, postal et tri-hebdomadaire. Des nuées traînent ce matin au faîte des montagnes, comme des écharpes. Les forts se cachent et la mer grise me dépayse.

Dans la haute cage vitrée où se tient le capitaine, nous sommes quatre passagers, autorisés à inspecter l'horizon. Nous avons franchi la passe, pénétré de la petite dans la grande rade, mis le cap vers une côte surélevée. Dominée par la Colle-Nègre, la montagne des Oiseaux et les Maurettes, la terre se dessine au demi-jour, d'une modestie inaccoutumée.

C'est le cap Brun que je double, puis le bois de Sainte-Marguerite aux pins frêles, puis Carqueiranne. Là, sur une grève d'aquarium, tombe un flot de saphir. Des guinguettes y cuisinent la bouillabaisse, et un hôtel s'achalande. Les hivernants commencent à construire des villas.

Un ex-conseiller municipal de Paris possède les *Kermès*, nid de douceur florale et forestière, où flânent parfois les ministres. Le château de San-Salvadour, folie de l'ancien sénateur Magnier, réclame toujours un acquéreur, derrière ses murailles closes. Les Romains y eurent Pomponiana, avec des aqueducs, des quais, des thermes, dont les substructions couvrent quatre hectares et dont la maçonnerie la mieux conservée sert aujourd'hui de remise pour chaloupe, à quelques mètres de la langue sablonneuse qui soude la presqu'île de Giens, vers laquelle on nous dirige en ligne droite.

Elle offre une passe, hérissée par le roc du Grand-Ribaud. Un propriétaire y a bâti, près d'un phare. L'itinéraire longe la côte, amusement des yeux, rideau tendu de la pointe *Escampo bariou* (retourne-baril) à la Tour-Fondue. Le hameau s'est huché au-dessus, avec des maisons claires.

Le sanatorium René de Sabran, qui appartient aux hôpitaux lyonnais, s'offre coquettement, couvert de tuiles. Les rochers se déchiquettent, et l'anse de Porquerolles paraît, face à la plage d'Hyères. Elle enferme un petit port, sous la butte abrupte du château Sainte-Agathe, dans le cadre d'un amphithéâtre sylvestre.

Un spéculateur acquit l'île presque entière. Il la cultive à présent, ayant fermé une colonie pénitentiaire d'enfants, qui connut des mésaventures. Son logis consiste en un vaste immeuble, sans style, carré, où la maîtresse de céans vieillit en écrivant des romans-feuilletons, sous un pseudonyme.

Le village, plus humble, entoure une place carrée, et l'hôtelier ressemble à ceux de Barbizon ou des Vaux-de-Cernay, peintre et cuisinier, brossant une toile en assaisonnant un plat, retraçant avec son pinceau les sites où il promena son filet.

— Vous déjeunez?

— Après être allé au phare.

Car là-bas se dresse une colonne de clarté, dont la lanterne m'attire, parce qu'elle plane sur le large.

Je subis un chemin peu carrossable. Suis-je en Afrique? Le climat est doux, et les maisonnettes me rappellent l'Algérie par leurs jardinets ceints de longs bambous, de barrières primitives, de verdures tropicales.

En dehors de la garnison, il y a 560 habitants, qui pêchent, flânent, rêvent, isolés du monde, rapprochés d'eux-mêmes, tous plus ou moins parents. Les vieux bavardent et les jeunes écoutent. Des uniformes négligés errent, sur le dos de troupiers quasi-exilés. L'enchantement se complète : un tirailleur sénégalais, noir comme cirage dans le bleu de son costume, marche vers moi en sifflant.

Je traverse rapidement l'antique Proté, en sa largeur nord-sud. J'ai un ruisseau sec à ma gauche. Je monte vers les gradins de la forêt dont un incendie dévora la partie occidentale, côté Brégançonnet. Je m'engage, droit devant moi, et croise une femme avec sa fillette, qui cherchent des arbouses dans les fourrés. Soudain j'atteins l'ourlet.

D'un bref coup d'œil, l'on mesure la chute possible, au bas de la falaise coupée à pic. Le phare, que restaurent des ouvriers, commande l'immensité. Du balcon, la vue est émouvante; Porquerolles s'allonge; Port-Cros me masque l'île du Levant, déchiquetée par les obus, dans l'est. La vague, courroucée contre les escarpements, possède une transparence verdâtre, qui inspire le vertige. Pas un toit ne se montre, hors celui d'un cabaret désolé, et chaque crique possède un nom de romance.

Tel est l'aspect qu'offrent les Iles d'Or, vues avidement du large par les rapatriés de Madagascar ou d'Indo-Chine, auxquels la brise porte l'odeur des eucalyptus et des pins maritimes, et les pauvres diables pleurent de joie, lorsque ces murailles de quartzites affirment la mère-patrie, sous le ciel.

Mais le parfum du safran n'évoque, à mon retour, que l'exigence de l'estomac. On déjeune en plein air, devant le demi-cercle du petit havre. Les pensionnaires, sous-officiers et touristes, jasent. Le temps s'est nettoyé, et le mistral s'est levé. La rade, d'un bleu intense, se ride de lames courtes, rageuses, anti-digestives. Pour revenir, le père Gautier lève sa voile. Tant mieux!...

L'homme est solide et l'embarcation vigoureuse. Nous devions gagner la Tour-Fondue ; mais un coup de barre nous pousse vers Hyères même, par-delà la vaste échancrure du Roubaud.

— Gare là-dessous !

— Allez toujours!

Chaque ressac balaie en grand, tandis que demeurent immobiles les deux vaisseaux-écoles, mouillés sous les Salins. Je suis trempé, mais ravi. Le frêle esquif vibre comme une chose fragile et souple, au gré du gouvernail. Et là-bas s'allonge un appontement, vers lequel nous nous dirigeons.

Construit pour l'embarquement du sel, il n'est pas aussi propice au débarquement des touristes. Un peu plus loin nous eussions trouvé une passerelle, que créa M. Godillot, sur la plage. Mes compagnons en ont assez. Abordons.

Une demi-douzaine de bicoques se sont installées ici, sous les pins parasols de la Capte, thébaïde troublée simplement par des nuées de moustiques, car la bande du rivage est la berge du vaste étang, qui sépare Giens de la côte, et que les sauniers coupèrent de bassins rectangulaires. dont une herbe maigre émaille le sol craquelant. La route passe tout près, qu'une patache bi-quotidienne parcourt. Mieux vaut errer à l'aventure, guidés par la ligne d'onde, qui paraît, qui s'évanouit, à travers ces arbres taillés en champignons, aux troncs fermes.

De-ci, de-là, un fossé s'enjambe. Des sentes entre-croisées réclameraient une explication. Personne ne nous la fournira, personne ne rôdant à l'entour. Voici pourtant une piste foulée, des tribunes, un hippodrome. Le Pari Mutuel fonctionne céans, à plusieurs époques. Ensuite se montre une villa. D'une enjambée, nous débouchons sur un boulevard en impasse, bordé d'une dizaine de propriétés superbes, bordant une grève de toute sûreté. On tenta ici ce que le constructeur de phares réussit aux Tamaris. Si le succès est moindre, l'échec fut précédé de plus illustres intentions. En suivant la même berge, je verrais les murailles du port esquissé par Henri IV, et le trou de celui creusé par les Romains.

Le même problème avait tenté ces novateurs : faire descendre les Hyérois du mont à la mer. Ils y viennent seulement en excursion, par des omnibus irréguliers. Des marais sont aux chasseurs. La plage possède néanmoins une gare du P.-L.-M., un restaurateur champêtre, des ombrages et des regrets.

Une noce a organisé un bal de fortune sur la voie publique, et elle nous laisse courir vers le train, sans interrompre sa valse.

L'épousée sourit à l'amour, les invités fredonnent en guise d'orchestre, la chanson de la mer fournit son accompagnement berceur, l'éclat des rires souligne la promesse des baisers.

O Vénus, ne vas-tu pas sortir de ta conque nacrée, afin de bénir ces braves gens?...

VII

HYÈRES-LES-PALMIERS

Entre tous les moyens divers que j'avais de venir ici, j'ai préféré le plus pittoresque : le chemin des écoliers. Hyères est relié à Toulon par chemin de fer, diligences, automobiles. Le réseau Sud-France se prolongera bientôt par Carqueiranne, offrant un quatrième itinéraire, déjà servi par deux entreprises, qui se soudent mal. L'arrivée sous les embruns, que je ne conseillerai pas aux gens tranquilles, que je ne regretterai jamais d'avoir éprouvée, avait au moins de l'originalité.

A présent, je roule dans un mauvais wagon vieillot. Nous remontons le cours de Roubaud, canalisé pour des besoins usiniers, affecté désormais aux tâches maraîchères. A droite sont les plaines, et à gauche les contreforts de Costebelle. Celui-ci étant aimé des Anglais, trois hôtels y embrassent l'étendue. L'ermitage Notre-Dame lève son joli clocher fuselé, près du toit de chaume d'un temple protestant. Chaque culte possède ainsi son pèlerinage particulier et mitoyen.

Les cultures se pressent, à demi noyées dans la brume qui monte du sol, loties en carrés et losanges, avoisinées de fermes familiales aux larges platanes.

Le train circule sans vitesse, sur sa voie unique, jusqu'à

la gare du P.-L.-M., voisine de celle du Sud, quotidiennement encombrée par des montagnes de paniers. De là partent les violettes et les roses, par colis postaux, vers Paris, Londres, Berlin.

Rattachée à peine au réseau, cette cité jardinière se tient en communication avec toutes les capitales. Les malades

Palmiers d'Hyères.

lui réclament son soleil; les bien portants lui achètent ses cassolettes. Hyères-les-Palmiers!...

Je les vois, dès la sortie, énormes, harmonieux, sans rivaux en Provence. Alignés durant trois kilomètres, ils mènent à la ville, avec une profusion de feuilles fines, à travers lesquelles finissent par ne plus filtrer les rayons. C'est l'avenue de l'Y, ainsi surnommée pour ses deux branches, l'une venant de la gare, l'autre du Jardin d'acclimatation, réunies ensuite au rond-point. De petits loueurs la sillonnent de trams et de victorias. Il n'y manque que le burnous blanc des Arabes et le pas lent des dromadaires africains.

Il y manque d'autres choses encore, car Hyères a dû tout inventer, ayant tout pour réussir.

Son passé même demeure incertain, par la succession d'Olbie, cité ligure et grecque, dont rien ne fournit la preuve. Les comtes de Provence y ayant le château d'*Areæ*, des latinistes en tirèrent *Aureæ insulæ*, les Iles d'Or. Retour d'Égypte, saint Louis y débarqua. On y érigea une statue à Massillon, né natif.

Maintenant la concurrence de la côte d'azur prive les habitants d'une clientèle que les rapides laissent pe s'égarer, avant Saint-Raphaël.

Pourquoi cette méfiance envers la doyenne de nos stations d'hiver?...

Elle fut la plus vaste commune de France, avant qu'on en détachât La Crau, Carqueiranne et La-Londe-les-Maures. Son territoire comprend 23,261 hectares, englobant tant d'annexes que, sur trente conseillers municipaux, six font fonction d'adjoints spéciaux. Trois populations y vivent côte à côte, sinon en parfaite intelligence : la rurale, la commerçante, la passagère.

La rurale est laborieuse, instruite en l'art de récolter cinq ois l'an, sainement issue d'une souche de terroir et éparse en des potagers modèles.

La commerçante vit assez simplement du travail coutumier, se concentre autour des ruelles de l'agglomération, varie parfois son effort qu'elle transporte ailleurs l'été.

La passagère évolue en de monumentales hôtelleries, dont cinq ou six, princièrement exploitées, prennent surtout les pensionnaires à prix débattu, ayant moins à espérer des occasionnels.

Trois quartiers enfin se partagent l'agglomération : le centre, et les deux ailes. Ces dernières sont de création récente, ouvertes à flanc de coteau, dominant la plaine. Au milieu, le noyau primitif, ceint de murailles du XIIe siècle, conserve sa couleur de solide forteresse, contre laquelle se brisèrent les Sarrasins et où se retrancha maint chevalier.

Henri II ayant imaginé de transformer Porquerolles en une Guyane, par la déportation de ses pires sujets, il fallut souvent se protéger de ces pirates inattendus.

Hyères à présent n'a plus de castel; mais sa montagne lui constitue un donjon naturel, avec ses arêtes caractéristiques et sa plate-forme qu'on distingue de loin. Des sentiers gravissent vers ce belvédère. Il n'y a pas même besoin de grimper si haut, pour voir scintiller la mer et se dessiner la presqu'île avec les îles.

Dès qu'un toit se huche un peu, il reçoit la caresse du soleil et s'imprègne du bel horizon, des rampes du Coudon aux molles lignes de la grève, en passant par les cimes vertes de Costebelle et l'Ermitage.

En bas, au contraire, se longent parallèlement le jardin Denis, la place de la Rade, l'avenue Alphonse-Denis, le boulevard des Palmiers. Ce dernier possède un casino moindre, à qui on projette d'en opposer un meilleur. Il comprendrait, comme de raison, tous les agréments de sa destination. En l'attendant, les Anglo-Saxons s'installent à leur gré, possèdent un golf-club, jouent au cricket, explorent de leurs jambes maigres les sommets d'alentour. Ce mélange d'alpinisme et de sport vaut peut-être les plaisirs mondains de lieux plus cosmopolites.

Hyères est un rendez-vous rare aux amateurs redoutant le

baccara et méprisant la roulette. Il faudrait lui accorder quelques trains en plus, permettre de retourner à Toulon ou d'en revenir le soir, unir effectivement ces villes-sœurs. Elles se compléteraient.

Déjà se prépare l'installation d'un bataillon d'infanterie de marine.

Lorsque nos troupiers animeront les ruelles étroites, rappelleront le voisinage intermittent de l'escadre, évoqueront opportunément notre force aux regards sceptiques des hôtes britanniques, la morgue capitulera.

— Ça leur fera du bien, me certifie un Olbien expert. Ils croient toujours vous annexer, sitôt qu'ils vous apportent quelques bank-notes. Sans leur montrer mauvais visage, nous serons fiers de rappeler notre armée. Toulon a de quoi nous en repasser. Il lui restera toujours ses poudrières.

Je n'appuie point sur cette petite médisance, excusable en somme, car Hyères prétend avoir, en 1530, repeuplé sa puissante voisine, décimée par les invasions barbaresques.

Ceci démontre qu'on a parfois besoin d'un plus petit que soi, comme pensait La Fontaine. Massillon en eût fait au besoin un sermon. De son piédestal, il préside désormais au va-et-vient des oisifs. Parfois même un congrès agricole se réunit auprès de lui, ou on inaugure une école d'horticulture.

Ces jours-là, Hyères a l'air d'une sous-préfecture.

J'en connais de moins agréables, en commençant par Brignoles.

Mais, si Hyères aspirait jamais à cette élévation administrative, Saint-Tropez en serait jalouse, et La Seyne ne la lui pardonnerait pas.

HYÈRES. — VUE GÉNÉRALE.

Il y a pourtant place pour toutes les ambitions, sous ce ciel incomparable, où je suis des yeux un petit nuage blanc, amené de la mer, qui monte vers les Alpes, qui s'arrête au passage sur la crête ruiniforme du Fenouillet.

La cime s'emmitoufle. Un bruit de grelots arrive de la route nationale. Les lumières se décident dans les cafés. Les sacs partent de l'Hôtel des Postes, coquet édifice, près duquel une galerie amorce quelque quartier à venir. Un cocher s'offre.

— Une voiture, bourgeois ?

Merci, mon garçon. Je suis ici, et j'y reste. Demain, je continuerai ma course, après avoir bien dormi dans des draps blancs, sans que le canon me réveille et me rappelle l'hypothèse perpétuelle d'un désastre, planant sur toute cette côte, immobilisée dans la tendresse des roses.

VIII

DANS L'OMBRE DES MAURES

Pour quitter Hyères, le chemin de fer du littoral présente un avantage : il parcourt sans hâte toute une région que le P.-L.-M. abandonna, remontant au nord, afin de desservir Draguignan, cité assez triste en somme, avec moins de 10000 âmes, malgré son prestige de préfecture (1).

La grande ligne s'éloigne de Toulon par une courbe qui la pousse vers la base du Coudon. Elle frôle La Garde, perchée sur un massif de basalte ; puis lâche l'embranchement des Salins à La Pauline, dont la chapelle fut décorée par Pradier. Elle passe dans la vallée du Gapeau, où les Solliès, Solliès-Pont, Solliès-Farlède, Solliès-Toucas, furent enfantés par le vieux Solliès-Ville, croulant sur son perchoir, montrant les *sols liès*, les deux soleils, dans ses armoiries séculaires, et regardant toujours se dédoubler l'astre, lorsqu'il se couche, derrière la colline. Puis on touche Cuers, bifurque à Carnoules, monte vers le petit col de Gonfaron, redescend par la vallée de l'Argens. On a tout le temps le dessin des Maures à la droite.

La petite ligne, au contraire, se glisse entre la mer et lui.

(1) Paraîtra prochainement *Au Pays alpin*, du même auteur.

C'est un massif étrange, bloc à part dans la Provence. Je longe sans y pénétrer, ébloui par ses teintes bleuâtres et violettes, ses lignes gracieuses, ses forêts profondes. L'Etat l'a tracé de belles routes et semé de maisons gardiennes. Le télégraphe et le téléphone les complètent, car il faut prévoir de fréquents incendies.

Le train marche lentement, franchit le Gapeau, borde les salines, coupe la base du cap Bénat. Ici, nous montons, afin d'évoluer dans l'étroit bassin du Bataillier, où Bormes compte, parmi ses administrés, le poète Jean Aicard et le musicien Reyer. On trouve là-haut l'oranger, le citronnier, le dattier, et une terrasse. En-bas, le Lavandou, moins prétentieux, se développe dans une baie tranquille, où se dresse l'écueil de la Fournigue.

En 1885, le *Général-Aballuci* s'y perdit corps et biens, et le steamer *Spahi* y naufragea, deux ans après. La Méditerranée est d'une douceur menteuse, dans cette clarté d'un beau matin, lorsque le sifflet de la locomotive disperse les mouettes pêcheuses. Ensuite la voie remonte, les Maures baignent leurs assises dans les flots, les rails se faufilent, au hasard des criques et des falaises, en rampes et en tunnels. Des haltes solitaires nous arrêtent, au milieu des bambous, des myrtes, des lauriers-roses. On passe de l'arrondissement de Toulon dans celui de Draguignan.

Les monts Pradels dressent leurs croupes rondes, plantées de chênes-lièges et de pins maritimes. Chaque gorge cache un hameau, complété par une grève claire. Les noms des gares sonnent : La Fossette, Cavalière, Pramousquier, Le Dattier, Cavalaire. Les Romains y avaient *Heraclea Caccabaria*, qui fut importante, au bord de la baie ronde, fermée dans l'est par le cap Lardier, première arête de la presqu'île de Saint-Tropez.

Les houles du large s'y abattent violemment, mais le sable fin y attira une colonie littéraire et scientifique. Le train, avant de quitter le rivage, le longe franchement, puis gravit les collines aux colorations argileuses. Il y a une gare complète, à La Croix. Là des Lyonnais prétendirent reconstituer le vignoble des Sarrasins. Il y a le plant de Tibur, celui des Barbares, celui des Syriens. Une apparition du crucifix de Constantin baptisa le site. Le cap Camarat s'allonge, et les montagnes de Grimaud ferment l'horizon du nord.

Un souterrain nous mène d'un versant à l'autre. Gassin fut perché au faîte d'un talus. Les Maures le peuplèrent et leur type y persiste. Avec le secours des freins, nous arrivons à une vaste plaine, près d'un hippodrome, au bord d'un golfe latin, où nous coupe la ligne de Cogolin à Saint-Tropez, posée sur route.

Cogolin n'est qu'un bourg, tandis que Saint-Tropez est une ville. Je change de wagon. Nous voici en tramway, le long du golfe.

Devant moi, j'ai la côte, avec ses bois profonds, les maisons blanches de Sainte-Maxime et de Saint-Aygulf. Les croupes de l'Estérel se montrent dans une brume légère, et la poussière du chemin vole autour de nous, en compagnie des feuilles mortes.

On stoppe à des haltes où quelques logis s'isolent. Au milieu du chemin, se dresse le « Pin de Bertaud », colosse de dix mètres de circonférence. Les plages se tapissent d'algues sèches, apportées par le flot, semblables à des débris de vendanges. Les filets reposent sur le sol, près des barques échouées. Une *guinguette*, avoisinée de cabines, porte le nom de : *La Bouillabaisse.* J'arrive à Saint-Tropez.

Recommandé aux amateurs pour ses nuits étoilées, il a aussi le mistral, qui souffle ferme, comme pour se venger que son action diminue dès Saint-Raphaël. Le golfe la subit tout entière, quoique orienté de l'ouest à l'est, avec ouverture au levant. J'en ai peu vus de si merveilleusement dessinés.

La pointe des Sardinières au nord, celle de Rabiou au sud, forment deux jetées naturelles, entre lesquelles passèrent les felouques musulmanes, les lourdes machines génoises, les gros bateaux espagnols. Bien auparavant, sous leur voile empourprée, parurent les Phéniciens, et les Grecs créèrent Athénopolis. Depuis sa destruction, l'admirable havre ne cessa de tenter les conquérants.

Deux fois rasée, la ville fut rebâtie par Guillaume Ier de Provence, au xe siècle. Quatre cents ans plus tard, elle subit les contre-coups des haines de Charles de Duras et du duc d'Anjou. Vainqueur, ce dernier dut s'en remettre à Raphaël Garezzio du soin de repeupler.

Le 14 février 1471, vingt et une familles génoises vinrent, s'établirent, se fortifièrent, et reçurent en récompense la franchise fiscale absolue. Elles apprivoisent les descendants des Maures, réchauffent le vieux sang romain, repoussent le duc de Savoie, chassent les Ligueurs de leur citadelle. Vingt galères hispanes, espérant les surprendre, sont forcées de partir, le 15 juin 1636. Des guerres civiles secouent la presqu'île, où la Réforme s'implante. Elle bataille seulement, à cette heure, pour devenir une villégiature où M. Emile Ollivier voisine avec la statue du bailli de Suffren.

Je suis monté vers la vieille forteresse, et j'ai eu tout le paysage autour de moi. Au loin, par-dessus les montagnes vertes, la neige scintillait, sur les grandes Alpes. Le golfe, tout bleu, tout étincelant, semblait dormir, et la petite jetée fermait bien le port de 35,000 mètres carrés où touchent parfois des petits paquebots, des yachts riches, les caboteurs aux mâtures helléniques, voire les steamers que Cannes envoie.

Comme je me mettais à table, la fille se précipita vers le balcon.

Huit torpilleurs débouchaient du large. Ils se suivaient, à toute vapeur. Des signaux furent échangés. Un ordre alla vers la cuisine.

— Préparez à déjeuner pour douze officiers!...

Un quart d'heure plus tard, ces messieurs étaient à table, le dos tourné au panorama familier, tandis que je persistais à m'en repaître, par les fenêtres largement ouvertes.

IX

LE GOLFE DE SAINT-TROPEZ

Saint Tropez fut un martyr, qui échoua miraculeusement, quoique décapité, entre un chien et un coq. Son buste est promené, aux « fêtes de la Bravade », à la mi-mai, sous la surveillance du « capitaine de ville » élu le lundi de Pâques. Alors douze cents kilos de poudre se brûlent, à la gloire de la défaite espagnole et du patron sans tête.

— Vous perdriez la vôtre, monsieur, si vous étiez là, car le tapage est infernal.

Le maire offre au capitaine la pique et le drapeau. Le clergé bénit les armes des Gardes-Saint. Les honneurs se rendent, en dix saluts de la pique et cinq du drapeau. Des tromblons pétaradent, et des boîtes d'artifice explosent, jusqu'au soir de la troisième journée, où l'on reporte le buste à la paroisse, où les compagnons feignent de le défendre, où ils finissent par le baiser. Après quoi, à la chapelle Sainte-Anne, on mange le nougat noir et la fougassette.

Mais ceci se perd déjà. La charge du capitaine étant onéreuse au titulaire, il faut insister. Bientôt, les bravadeurs eux-mêmes capituleront sans doute. Saint-Tropez demeurera pourtant un coquet chef-lieu de canton, assez isolé du courant des touristes, assez accessible pour qu'on l'aille chercher.

Je le quitte sans regret, l'ayant vu sans déplaisir. Au fond du golfe s'étage Grimaud, qui fut le marquisat des Grimaldi, l'aire dont descendirent les futurs princes de Monaco. L'arête des Maures dissimule à présent celle des Alpes. Il y aurait un curieux voyage à faire, en tramway, de La Foux à Cogolin, en voiture de Cogolin à Vidauban, à travers toutes ces cimes ombragées et empanachées. Je reprends, plus prosaïque, le train arrivé d'Hyères.

Si quelque passant veut stationner ici, je lui conseille le ravin où s'écroule sous le lierre, hors des routes, en pleine forêt, cette Chartreuse de La Verne, repaire des chemineaux italiens, comme maudite depuis la dispersion de ses moines.

Le chemin de fer capricieux ne quitte plus les plages, faufilé entre les pins maritimes, presque à niveau de la vague. Je revois Saint-Tropez, dans l'ombre descendue de ses collines, et me dirige vers Sainte-Maxime, qu'illuminent encore les rayons du couchant.

Cette ville naît, s'améliore, se développe. Les palmiers reparaissent, sur place et dans l'enseigne d'un café. Les hôtels neufs attirent le regard, de leurs façades peintes.

Puis se suivent les haltes, moins encaissées que sur le parcours du matin, également sonores : La Martelle, La Garonnette, La Gaillarde, noms de jolis ruisseaux dont la chute trouble à peine l'impassible limpidité de la mer.

Le train touche un dernier point, Saint-Aygulf, qui ne fut qu'une chapelle; qui devient une station, dont les avenues désertes portent des noms d'auteurs et d'artistes, sans oublier celui de M. Carolus Duran, l'initiateur. Le parrain fut cet abbé de Lérins, que deux moines rebelles livrèrent aux pirates pour le punir de ses réformes trop morales. Ceci avait lieu au VIIe siècle. Le nôtre substituerait volontiers le caravansérail à l'oratoire, s'il y avait de quoi peupler tous ces sites. Pour le moment, les terrains sont à vendre, les voies sont tracées, les amateurs sont rétifs.

Ici finit la côte des Maures, la côte varoise, laquelle durait jadis jusqu'au comté de Nice, laquelle meurt désormais au delà de l'Estérel. A un tournant, la vallée de l'Argens s'ouvre, large, marécageuse en son embouchure. Le P.-L.-M. la descend à toute vitesse. Nous autres la traversons en biais, sans hâte, sur un remblai coupé de ponts, car les crues doublent la rivière.

Elle est brune. Sa rive droite se trouve sous la chaîne coiffée, comme d'un casque à triple cimier, par le roc de Roquebrune. Sa rive gauche forme un plateau semé de villages clairs. Fréjus est en face, Saint-Raphaël à droite, et les lauriers-roses de Valescure rattachent l'une à l'autre. Mais la nuit descend. Des cris de gibiers à plumes se répondent sur les étangs de Villepey. La vieille cité épiscopale s'enténèbre, piquée de gaz, ayant été puissante et riche. La mer, en s'en éloignant, emporta toute sa prospérité, comme fut tuée celle d'Aiguesmortes.

Pourtant Jules César voulut, la créant de toutes pièces, détrôner Marseille, trop amoureuse de Pompée. Elle eut un port commercial et militaire, un arsenal, des palais, des temples, des thermes, de beaux proconsuls à profil de médaille et des patriciennes aux corps de statues. Les trois cents galères, qu'Octave prit à Actium, y furent amarrées. Ainsi erra jusqu'ici la barque de Cléopâtre, et la foule s'entassa dans l'amphithéâtre. La glaise a remblayé ce qui restait du port, et les archéologues veillent sur l'amphithéâtre. Fréjus n'est plus qu'une ombre, enveloppée de fleurs, avec des jambages d'aqueducs.

Les Sarrasins, les Barbaresques, et Charles-Quint n'en avaient pas respecté grand' chose, lorsque Henri II y institua une amirauté. La Révolution ne lui a conservé qu'un évêque, dont le diocèse fut amputé de tout l'arrondissement de Grasse, après avoir fourni un pape, Jean XXII, et un percepteur du roi, le cardinal Fleury. Le général Agricola, vainqueur de la Grande-Bretagne, en est sorti, et aussi Siéyès, et encore Desaugiers. Souvenirs!... Souvenirs!...

Les gens regardent, de leur wagon, les pierres des remparts écroulés, l'ovale des arènes décoiffées, les arceaux des portes détruites, et ne s'arrêtent guère.

Plus tard, le chemin de fer du Sud y soudera pourtant une autre ligne vers le nord. Celle-ci possède en attendant son terminus à Saint-Raphaël, attristé par la déconfiture de l'ancien maire. On y rencontre un hôtel des postes, une église neuve qui ressemble à la cathédrale de Marseille, un port en contre-bas, un kursaal au-dessus.

Les boulevards, plantés de palmiers, seront superbes dans dix ou quinze années. La colonne Napoléon rappelle le retour de l'île d'Elbe, tandis qu'une plaque, sur la fontaine de la Siagnole, commémore les politiciens sous qui fut inaugurée cette adduction simili-romaine. La terrasse, riveraine de la mer, comporte de riches propriétés. Néanmoins, on sent peser sur tout une gêne que le Casino résume assez, transformé tour à tour en établissement hydrothérapique et en annexe d'un couvent.

Saint-Raphaël se relèvera-t-il du malheur d'avoir choisi,

pour lui faire une fortune, un homme qui n'oublia point la sienne?

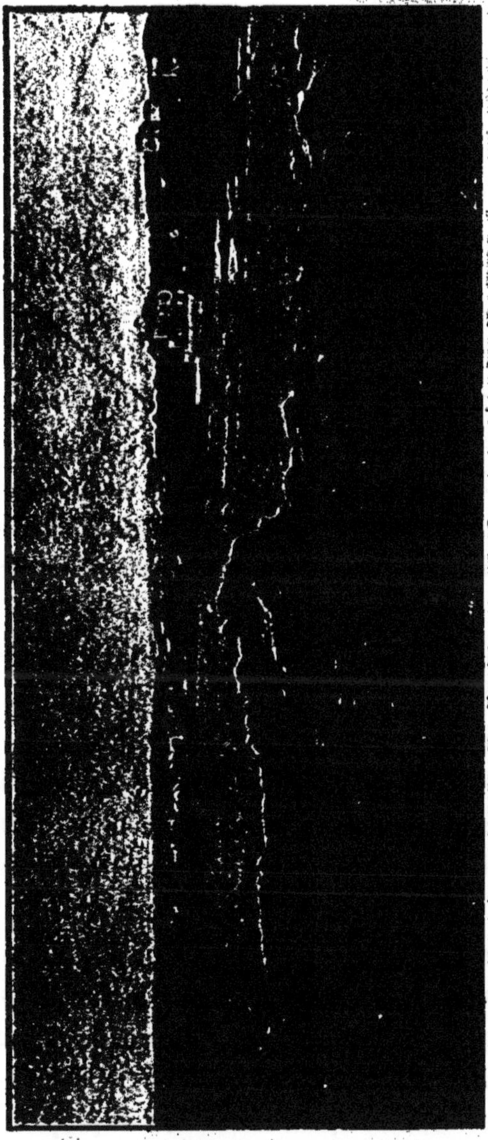

Félix Martin disparu, Alphonse Karr trépassé, demeure l'anse des Corailleurs, où il n'y a point de corail à pêcher, et les deux « lions » accroupis, lion-de-mer et lion-de-terre. La « Maison-Close » du poète est bien close, pour de bon, pour de vrai. Sans doute renferme-t-elle l'âme falote de cette ville, pareille à un enfant plein de vigueur, qu'une méchante Fée aurait noué net, à l'approche de la puberté.

Saint-Raphaël.

X

LE CONTOUR DE L'ESTÉREL

Il forme, après les Maures, un second massif, très différent, quoique pareillement isolé du grand mur alpin. Le mont Vinaigre s'y élève à 616 mètres. La route nationale le traverse presque en pleine altitude. Des histoires de brigands assombrirent jadis cette étape, aujourd'hui surtout funeste aux automobiles, dont le moteur peine à gravir les côtes, lorsque des courses annuelles les y entraînent.

Gaspard de Besse rançonna les chemineaux, pour qui se montre encore hospitalière l'Auberge des Adrets, au point culminant.

Bientôt les excursionnistes seuls emprunteront cet itinéraire, car se construit, avec le concours du Touring-Club, un chemin en corniche, parallèle à la voie ferrée, limitrophe de la mer. Ce sera une merveille de plus. Peut-être regretterai-je simplement qu'elle facilite le lotissement de cette forêt domaniale, où la fumée des locomotives s'enroule avec indépendance, dans le ralentissement causé par les courbes perpétuelles.

On traverse Saint-Raphaël au milieu de propriétés princières, quoique intimes. Boulouris-sur-Mer se peuple, jusqu'à la formidable échancrure, aux saignées bleuâtres, des carrières du Dramont, connues des anciens, dont les stocks forment de hautes pyramides, où les tartanes viennent charger à un appontement. Soudain les mines partent, et la montagne se fendille. Je n'ai rien vu de comparable, sauf aux environs d'Évian, à Meillerie, sur le Léman (1). On peut extraire ainsi, durant des siècles; le banc ne s'épuisera point.

La Boulerie n'est qu'un torrent qui s'épand sur la plage de l'Homme-Mort, au bas d'un sémaphore, avec des hôtels privés et un orphelinat.

Agay n'est qu'un hameau; mais son petit port remplace celui d'Agathonis, et sa rade de cent hectares a l'aspect d'une conque, et les vagues y bercent le repos des barquettes, après y avoir rongé les piles du viaduc.

Dans l'est, nous tournons, nous franchissons des ravins, nous courons vers la croupe du Cap Roux. Fauve, il s'arrondit sur ses assises. Le roc prend ici des colorations de cigare ou de chair sanguinolente, avoue glorieusement l'origine volcanique, éclate en débris énormes, ne ressemble à rien. Des grottes s'y creusent, l'une dédiée à la Sainte-Baume, l'autre à saint Barthélemy. Cependant l'express s'essouffle en des tranchées rectilignes, et s'engouffre dans le tunnel de Maubois.

Il en sort. Une courte ravine le ramène à la rive. Je pousse un cri d'admiration. Dans l'éclat de sa transparence, le golfe de la Napoule se dessine au compas.

C'est une chose d'Italie ou de Grèce; une chose de féerie, d'un azur éblouissant, semée de blancheurs d'ailes,

(1) Voir *Au Pays des Lacs*, du même auteur.

de plaques d'argent, de prismes diamantesques. Tous les voyageurs, précipités dans le couloir, boivent cette lumière, aspirent cette vision, s'en grisent et s'en aveuglent. Oh! pays de Provence, que tu es preneur, que tu es conquérant! Depuis le cap Canaille, je marche dans le rêve de tes baous et de tes calanques, retrouvant chez nous les plus pénétrantes impressions de la Sicile, avec une élégance plus fine et une harmonie plus douce. Voici le bouquet!

Non pas, puisque la Ligurie me réserve ses sites proches, sinon aussi faciles à saisir entre ses bras. Il semble qu'il suffirait de les élargir, pour que tout le paysage me vienne sur la poitrine, tandis que siffle le mécanicien, inquiet des lacets de sa route.

Alors, dans l'horizon, les Alpes reparaissent en un mur de granit. Cannes est un décor d'opéra, dont les contours se précisent. Les îles enfin se détachent du continent; puis d'entre elles, Saint-Honorat, Sainte-Marguerite, d'abord confondues, ensuite distinctes, longues et plates, plus hautes à mesure que la distance diminue, jumelles inégales, en leur forme pareillement ovale. Bravo, la France!...

Et les stations passent, passent. Des îlots minuscules, des presqu'îles enfantines, des criques grandes comme des baignoires, des anses larges comme des bénitiers, se succèdent au bas de la voie, rocs et chicots, rouges toujours, tenant sous l'ombre d'un pin-parasol, immobiles dans la chaleur d'un rayon, sans un enclos ni un propriétaire. On voudrait avoir à soi rien qu'un morceau de ce sol flamboyant, rien qu'un lot de cette eau translucide, pour se baigner, pour dormir, pour vivre.

Je note le Trayas, bijou romantique, entre deux petites

baies de porphyre. Je me pâme à Théoule, qui possède une source sur sa plage et un hôtel dans une forteresse à grosses tours. Je comprends qu'on lance la Napoule, avec ses récifs cocasses, son donjon carré, ses avenues naissantes.

Nous sommes au fond du golfe. La vallée de la Siagne y descend, basse et marécageuse. Une gare de matériel occupe un morceau de la grève de la Bocca.

Suis-je pas à Trouville, ou Cabourg, ou Paramé, en juillet?...

Sur le sable, où court le rail, des messieurs à souliers jaunes, des misses à toilettes claires, se promènent. Les ombrelles sont ouvertes pour protéger des teints d'enfants roses contre les ardeurs du soleil. En un garage, les trains patientent. L'embranchement de Grasse nous rejoint.

Là-bas, à flanc de montagne, une ville de 15000 âmes se détend, s'élargit, brise ses remparts, restaure ses vieux logis du moyen âge. On y distille 1200000 kilos de roses et 1800000 kilos de fleurs d'orangers. Les parfumeries enrichissent leurs propriétaires, les hôtels revendiquent le mérite de l'altitude, les réclames rappellent le séjour de feue la reine d'Angleterre. Les Félibres érigèrent un buste à Bellaud de la Bellaudière. Le high-life se presse sur le boulevard du Jeu-de-Ballon. Cent fontaines versent l'eau claire de la Foux et du Loup. L'avenue Thiers offre un belvédère splendide sur toute la vallée.

Ici, devant moi, Cannes dresse ses blancheurs au bord de l'indigo liquide, parmi les palmiers, les citronniers, les eucalyptus. Les Liguriens y eurent Ægytna, anéantie au passage par Quintus Opimius, qui en laissa les ruines en

19

cadeau aux Massaliotes. Les abbés de Lérins leur succédèrent, jusqu'en 1788, avec des intermittences d'invasions espagnoles et allemandes. Les Anglais se sont annexé la cité contemporaine, dont le prince de Galles inaugura les travaux du port, dont lord Brougham avait révélé la douceur. L'express y entre, y siffle, y stoppe.

C'est la Côte d'Azur, l'incomparable côte de plaisir et de luxe, où l'univers entier se précipite, où les populations connaissent toutes les têtes couronnées, où le drapeau tricolore flotte entouré d'autant de fanions qu'il y a de princes et de princesses en garni.

Au bruit des orchestres répond le tintamarre des équipages, et le bruit du métal sonne sous le râteau du croupier. Oh! certes oui, le voilà bien, le vrai paradis!... Je ne sais quelle légende courait, à Paris, de ciels gris, d'ondées têtues, de frimas illogiques. Il y eut, en effet, fin décembre et première quinzaine de janvier, une série noire; mais un coup de mistral a balayé le zénith, et il est redevenu lui-même.

J'écris ceci sur un balcon, devant un paysage de villas blanches, entouré de verdure, et j'ai des vêtements de printemps.

Faites-en donc autant, ô Parisiens, mes frères!...

Faites seulement de même, ô Italiens, mes mitoyens!...

Cette Ligurie constitue vraiment un Eldorado, imaginé par la Nature, certain jour où elle voulait du bien aux gens d'Europe. Ils peuvent trouver ici l'été, la santé, la poésie, tout ce qui rend notre vie heureuse, à l'heure où on grelote et patauge ailleurs. Comment nos pères ont-ils bâti leurs capitales brumeuses dans d'autres sites?

Aimer la terre natale était un sentiment que je comprenais jadis. J'en ai changé aujourd'hui. Si les nécessités et les devoirs ne me retenaient ailleurs ; si j'avais la fortune et le loisir ; si j'étais de ces oisifs à qui rien ne manque et que rien n'oblige, je chanterais comme Mignon :

> C'est là que je voudrais vivre
> Aimer, aimer et mourir !...

Vivre dans ces rayons d'or qui ne se marchandent point ; aimer en un coin paisible, sous les orangers ; mourir devant la mer, les yeux fixés au couchant !...

Hélas, le Destin est moins doux. Il faut jouir de ceci au hasard d'une course rapide, tiraillé en arrière par cent raisons peut-être sages, assurément malencontreuses. Les rois eux-mêmes, s'ils affluent ici, passent vite, incapables de s'éterniser. Qui oserait permaner plus que le couple impérial de Hongrie, le ménage de Saxe, le tsarévitch, la grande-duchesse et notre bon cousin Léopold ?

Quand on voit, au flanc de la montagne, une de ces mille maisonnettes, autour de qui poussent les plants d'œillets, de violettes, de pensées, de camélias et de roses, cultivés aussi simplement qu'un carré de choux et d'oignons, l'idée vous vient de planter pareillement.

Être paysan ou pêcheur, partir de bon matin pour la ville voisine, vendre sa récolte ou son poisson, rentrer chez soi avant le crépuscule et s'endormir dans l'attente de l'aube suivante, j'y songe vraiment.

Nenni-da ! ces braves gens ne sont point satisfaits de leur sort. Eux aussi songent à voyager. Ils ont la nostalgie des cités bruyantes, où les salaires miroitent. Ils lâcheraient leur Eden contre cent sous quotidiens gagnés dans notre brouillard. La plénitude n'existe donc nulle part, et c'est seulement l'appétit de ce que nous n'avons point, qui nous tente.

La Riviera commence à Saint-Raphaël pour finir à San Remo, avec des colonies éparses. En France, c'est Hyères, Saint-Tropez, les Tamaris. Pourtant il faut reconnaître que, de San Remo à Saint-Raphaël, rien ne dépare l'incomparable succession des grèves, des montagnes, des vallons, des rochers, sur qui darde l'astre infatigable, auquel les Anciens élevaient des autels.

Ceux d'ici devraient redevenir idolâtres. C'est lui, Lui, qui les enrichit, transforme des zones désertes en lieux exquis, attire cette population cosmopolite dont l'or sue par tous les pores. Trop d'or même!... Il me gêne, car il gâte le plaisir du passant modeste.

Si vous partez de L'Argens, vous ne croisez plus que des affiches, des spéculations, des casinos, qui se rejoignent peu à peu. Au xxe siècle, on ne trouvera plus un pan d'herbe non enclos. D'ailleurs, je préfère les logis de paysans, épars au milieu des vignes, des semis de fleurs, des feuillages d'oliviers, sous la poussière jaune des mimosas.

Un filet d'eau coule d'une fontaine, un homme bêche, des femmes se courbent, le travail voisine avec le luxe. Salut à vous, petites « campagnes » simples et peinturlurées!.. Le ciel est bleu, la mer est bleue, les maisons sont bleues, tout le pays est bleu!..

I

A L'INSTAR DU VOISIN

Cannes, antichambre de Nice, est une aimable introductrice. Elle aurait tort de vouloir empiéter. Simple chef-lieu de canton, elle gémit, et se prétend opprimée. Aussi les gens résistaient-ils à chaque élection. Maintenant, ils auront leur député; donc ils seront libres.

Grasse ayant pour soi la montagne, Cannes inaugure le littoral, où Antibes forme bande à part. Tandis que l'on bataille de la sorte, les étrangers ignorent tout, accaparés par leurs cercles, leurs tennis, leur yachting. L'affluence des fortunes, des blasons, des renommées est énorme. Le roi Édouard VII, qui fut très fêté avant de monter sur le trône, promet son appui, et l'accroissement de la population ne s'arrête plus.

Cannes en un mot fait le pendant de Menton, se trouve desservie par les trains locaux, possède un réseau de tramways électriques et mortifères.

Un Casino y joue tous les soirs. Des rues droites sont aménagées de magasins luxueux. D'aucuns la préfèrent parce que plus profondément française de mœurs, d'esprit et de langage. Elle nous appartient depuis que la Provence est nôtre. On l'en a détachée, toutefois, lorsqu'on eut besoin d'arrondir le département niçois. Ce jour-là, le Var cessa de couler dans celui auquel il donna son nom.

Dépaysée, Cannes conserva intact son incomparable cadre, bâtie sur l'extrémité de la baie de la Napoule, baie de rêve dans laquelle se reflètent les maisons coquettes et trempe la racine des palmiers, des lataniers, des orangers. Les contreforts de l'Estérel la protègent des vents du nord. La pointe d'Antibes arrête ceux d'est. Les îles Lérins barrent le passage à celui du sud. Si quelqu'un fréquente Cannes avant Nice, il risque de ne pas aller plus loin.

Néanmoins, une nuance les différencie. Un Comité des Fêtes couronne un polichinelle et organise des mascarades. N'empêche que, mardi-gras, des trains successifs sont mis en marche, rien que pour porter de Cannes à Nice, ramener de Nice à Cannes les milliers de curieux.

Cannes a donc tort de se chatouiller aux côtes, afin de se forcer à rire aux éclats. Qu'elle laisse au voisin le bruit des orchestres tziganes et des fanfares tempétueuses. Pour le promeneur, la ville aura toujours son boulevard de la Croisette, tourné vers le soleil couchant, le long d'une grève de sable fin.

Cannes conservera son port paisible, où entrent et dont

sortent les goélettes, les tartanes, les lougres, les yachts, sous la jetée de pierres blanches.

Cannes surtout contemple à jamais Sainte-Marguerite et Saint-Honorat, deux perles enchâssées dans les flots, émeraudes sur azur.

Au temps héroïque, lorsque Léro tenait la mer sous la loi de sa volonté, elles furent des sentinelles. Aujourd'hui, ce sont des corbeilles. Vers elles cinglent les barques, ou s'époumonne le petit vapeur importé du Havre. L'armée possède également sa chaloupe, qui la ravitaille. J'ai loué simplement un pêcheur, avec son mousse.

Ils se mirent aux rames. Je m'emparai également d'un aviron. Nous nous envolâmes sur la nappe magnifique. Le boulevard montrait ses alignements somptueux, dominés par les collines. Puis la pointe des Hespérides se détacha du rivage, baignée. Je distinguai les fenêtres des hôtels supérieurs, avec des personnes accoudées sur la vision. En manches de chemise, je « nageais » ferme, par poussées régulières, étonnant mes compagnons.

— Vous êtes marin ?

— Je fus canotier.

Or, nulle part, depuis les flâneries sur les lacs savoyards et suisses, je n'avais développé mes muscles de si bon cœur, ni en si bel espoir. Lentement, la côte s'éloignait. De temps en temps, je risquais un regard vers Sainte-Marguerite, qui me paraissait toujours aussi lointaine. Brusquement, je me trouvai sous l'escarpement de sa forteresse.

Avant que l'édifiât Richelieu, elle appartint aux moines qui la prêtèrent, l'affermèrent, la donnèrent. De 1635 à 1637, les Espagnols y sévirent. Menaçant la Provence, une armée d'Autrichiens, de Piémontais et d'Anglais l'occupa, de 1746 à 1747. Depuis lors, personne d'étranger n'y posa le pied, sans notre consentement.

Ce fut la prison du Masque de Fer, avant de devenir celle de Bazaine.

Un restaurant y cuisine des déjeuners, un détachement y tient garnison, un bois domanial y réserve les meilleures siestes.

Je parcours le bois, visite le détachement, dédaigne le restaurant, et rejoins mon batelier sur la rive opposée, où il attend de me passer à Saint-Honorat.

Le chenal qui nous en sépare, large à peine comme une forte rivière, est sans courant, ni remous. Les pins lavent leurs racines, de chaque côté, dans la mer endormie. Un petit débarcadère rustique offre son unique accès à cette seconde étape, propriété monastique et mitoyenne de celle de l'État, refuge et distillerie.

Sainte-Marguerite était Léro, longue de 3300 mètres, large de 950; Saint-Honorat, qui ne mesure que 1500 mètres sur 400, fut Lérina. Les Romains l'habitèrent. Elle devint déserte. Alors Honorat y créa, au VIe siècle, un cloître, lequel fut illustre, où 3700 moines obéissaient, en 690, au seigneur abbé.

Ces coquins de Sarrasins, par un jour de Pentecôte, en 1107, anéantirent tout. En 1400, les corsaires reparurent. Il fallut une armée entière pour les en chasser.

Lerina, espagnole avec Lero, vit la misère de François Ier emprisonné là durant une nuit, aux ordres de Charles-Quint.

Lérina, sécularisée en 1788 par le pape, fut vendue en

TOUR DE SAINT-HONORAT.

1791 par le Trésor à l'actrice Sainval, qui y mourut, heureuse et oubliée.

Lerina, rachetée enfin par les Cisterciens, fait aujourd'hui concurrence aux Chartreux, dans la confection d'une liqueur digestive, parfumée, et poisseuse.

Je rencontre un prêtre silencieux, vêtu de blanc, que je suis, vers un petit arc de triomphe. Une avenue de cyprès me conduit au couvent, lequel débute par une boutique, où se vendent des choses pieuses, où se débite la boisson du cru. A l'intérieur, outre la fabrique, existe un orphelinat professionnel, à l'abri d'une église moderne. Si je pouvais pénétrer dans les cellules, j'y trouverais la chambre de la comédienne défunte. Y démêlerais-je la discrète odeur des amours fanées, parmi les rudes parfums d'encens?...

Mais le soir descend. Vite, je vais au bord de la Méditerranée. La puissante tour carrée veille encore sur son immensité, comme aux époques où le guetteur signalait les galères païennes, où les moines se retranchaient en ce réduit. Les pierres, qui ailleurs auraient noirci, brûlées par les pluies, se sont dorées au contraire, à la façon des temples d'Agrigente et des arènes de Nîmes. Contre une digue minuscule mon canot s'est rangé, et le matelot tend la voile, car une brise légère se lève du large, qui nous ramène vers le continent, en un bercement moelleux.

A cette heure, le golfe de la Napoule s'attendrit de teintes moins nettes. Le cap Roux, que les derniers rayons baignent, surgit en une auréole. Sa silhouette se reflète dans les flots, ombre parfaite. La fumée d'un train court, amusante, tout là-bas. Je laisse tomber ma main, hors du bordage.

En une coulée de fraîcheur, l'eau glisse à travers mes

doigts. La toile gémit sa peine. Peu à peu les ténèbres montent de la rade vers les montagnes.

Cannes a déjà allumé ses reverbères, tandis qu'une clarté s'attarde sur la cime des Alpes, aux neiges roses, dominant le paysage du côté où se lève Phœbé.

— Ce soir, me dit l'hôtelier, nous avons une troupe de passage, qui joue la comédie.

II

HORIZONS ET SOUVENIRS

Sur la plage, où me laisse le train, des villas se sont bâties, pêle-mêle avec des cabarets, et une petite ville en naquit. Le golfe, terminé par le cap d'Antibes, contient en ce moment trois cuirassés, dont les corps sombres reposent sur les corps morts. Un Anglais, qui vit l'escadre de réserve à Toulon, semble ahuri.

— Encore des navires!... murmure-t-il.

Parfaitement, ô John Bull-Dog, ce sont de beaux navires, avec de gros canons. Vous en découvrirez encore à Villefranche, sir. Nous ne sommes point tout à fait ruinés, malgré Fachoda. C'est même ici que, le 1er mars 1815, débarqua certain empereur déchu, arrivé de l'île d'Elbe, sur un mauvais bateau, et qui fit trembler Albion une fois dernière, avant de choir.

Entre deux ormeaux, une petite colonne rappelle cette évasion, au bord de la route. La date de l'événement y est inscrite. Étrange rapprochement, je songe à l'autre date, à l'autre débarquement, à l'autre colonne, à celle de Saint-Raphaël. Deux fois, l'Aigle, las d'une longue course sur mer, prit ainsi haleine sur la même terre de Provence. Il en partit, pour le Dix-huit Brumaire, puis pour Waterloo. Or, la Méditerranée reste insensible à ces drames, parce qu'elle vit pareillement le départ de Marius, le retour de Pompée, la nef de César et la flotte d'Auguste. Fut-elle plus douce aux regards de Napoléon qu'à celui du mendiant qui tend la main, contre le stèle, d'où mon chemin monte vers Vallauris, avec le lit d'un ruisseau encaissé de rochers abrupts?...

Ce vallon est la gorge de la Gabelle, boisée décemment. Elle atteint le bourg, par un pont où aboutissent d'autres issues. Vallauris a six mille âmes. Ce fut *vallis laurea*, le val des lauriers. Aujourd'hui, la dynastie des Massier, y poussant partout ses racines, telles celles de l'acacia, tient à elle seule, en cinq ou six maisons concurrentes, l'industrie de la céramique, poteries de ménage et faïences d'art, objets muticolores qui conquirent la mode.

Les débuts furent humbles. On constate le résultat. Dans des magasins d'exposition, où les cochers se rendent d'eux-mêmes, fortement stylés, se tiennent des expositions permanentes. Je quitte le mien, afin de remonter sur le côteau, à travers des fourrés de mimosas, qui embaument.

Un cabaretier s'est bâti, tout au faîte du plateau, un logis de carton-plâtre, faux castel ou fausse ruine, avec des fantoches accoudés aux fenêtres. Le mauvais goût de cette exhibition ne peut, par bonheur, gâcher l'incomparable panorama. Les pentes forment un parterre, en bandes étagées. Des serres immenses appartiennent à un pépiniériste notoire, qui cultive les arbustes et les fleurs, les palmiers et les roses, jusqu'aux portes de Cannes, jusqu'au ruban poudreux de la route, jusqu'au bord de la mer.

De cet observatoire, elle ressemble à une aquarelle. Le cap la souligne à gauche, et les îles pointent à droite. Quant aux trois cuirassés, ils envoient à terre leurs embarcations, pareilles à des joujoux, de beaux bibelots brillants, à la poupe desquels flotte un petit drapeau, tandis que le canon tonne au loin, employé à quelque exercice, et que je regagne ma voiture, laquelle me mène vers Antibes.

Avant son isthme, Juan-les-Pins s'est casé sous les beaux arbres qui le baptisent. Une petite gare, un vaste hôtel, une terrasse amorcée, des boulevards récents, des propriétés neuves, moult lopins à vendre, tel est ce hameau d'hiver, auquel on organise des plaisirs niçois. Pins-parasols, pins des dunes, pins de mainte espèce, en font une oasis.

La route se détache vers le promontoire, bordée de criques mignonnes. Là, s'attardent des canots. Les vaguelettes y susurrent, baisent la grève de sable, ourlent les havres minuscules. Ils sont fermés par des digues lilliputiennes, et les barques peintes y sont pareilles à des choses puériles. Nous croisons des cyclistes. Le dernier est un facteur. Il saute légèrement de sa machine, sonne aux grilles des maisons tranquilles, remet le courrier à de petites bonnes proprettes et souriantes ; puis repart sur sa bécane, avec la gibecière en sautoir. Derrière les murs et les grilles, s'étalent d'orgueilleux logis, dont celui où d'Ennery octogénaire venait jouir paisiblement du produit de tous les crimes perpétrés par ses personnages. A Paris, cependant, les faubourgs pleuraient de tant d'atrocités. Je me souviens ici de la visite que je lui rendis, peu de temps avant sa mort.

Dans le site merveilleux, le dramaturge habitait une propriété superbe. Tous les hivers, qui ont neigé sur ses cheveux, s'y réchauffaient au soleil. Il nous évoqua les millions d'âmes, sur lesquelles passa le frisson de son œuvre. On peut la discuter, dire qu'elle répond à un idéal inférieur; elle n'en demeure pas moins populaire.

C'était de ses souvenirs, des événements qu'il a connus, des hommes qu'il a fréquentés, que le vieillard aimait causer aux jeunes gens. Son accueil, en cet hôtel de l'avenue du Bois-de-Boulogne, dont il a fait un don splendide, m'avait si fort ému par sa simplicité, que je n'eus point peur d'une course de six kilomètres pour l'en remercier au passage. Il se trouvait à la crête, tout près. De ses fenêtres il embrassait le golfe Juan, les monts de l'Estérel, l'île Sainte-Marguerite. Tout cela vert, clair, reposait. Des pêcheurs étaient à l'ancre. Parfois, entre l'antique prison du Masque de Fer et la côte de Vallauris, un navire s'envolait, léger goéland. Et, sur la terrasse, nous bavardions, nous écoutions citer des noms, réveiller des ombres, fouiller en pleine légende. Il me rappela Victor Hugo royaliste et lui anti-bonapartiste, au temps de la Garde Nationale. Puis ce furent des mots incisifs, jetés avec une bonhomie souriante. Comment s'est emmanchée sa propre destinée?... Il ne le discuta guère.

— J'étais irrésistiblement attiré par les planches, voilà tout!...

L'heure coulait, dans un bain de lumière, devant la nappe d'azur, à passer la revue des morts classiques, des femmes de comédie, des riens charmants dont Paris raffola.

Paris est pourtant bien loin d'ici, de ce printemps hyperbolique, de ce tableau inattendu. A Antibes, d'Ennery eut comme voisin Guy de Maupassant, las de lutter contre les nantises, dont le yacht *Le-Horla* croisa dans les parages. Paul Arène expira, fin 1896, tout à côté. Les frères Margueritte content auprès leurs jolies histoires. Peu d'Anglais gâtent ce point du littoral, où nos trois couleurs flottaient bien avant la Révolution. Il faut m'en séparer pourtant, car d'Ennery s'est là maintenant.

A l'extrémité de la course, un hôtel colossal domine des

Aloès en fleurs.

récifs, s'enveloppe de lumière, faillit recevoir la visite de clients couronnés.

Je reviens, laissant le phare de la Garoupe à droite, par une deuxième route, encaissée dans des propriétés millionnaires, laquelle débouche sur Antibes même.

Maintenant démantelée, la petite cité, ex-évêché, a l'air toute écorchée. Les remblais de ses remparts lui font une ceinture de terres fraîches, qui ne masque plus les bicoques, autrefois discrètes. Seule la vieille citadelle de Vauban subsiste, coiffe sa presqu'îlette, défend encore le port ; enferme toujours le tombeau de Championnet, mort de misère et d'inactivité pour avoir conquis Naples et administré la République parthénopéenne mieux que le Directoire ne gouvernait la République française.

Sur la rade, un pan de mur sert encore de promenoir et de terrasse.

Dans le ciment de l'hôtel de ville, une inscription latine commémore « l'enfant Septentrion, âgé de douze ans, qui parut deux jours au théâtre, dansa, et plut ».

L'horizon est incomparable. Les Alpes se dessinent, en une ligne éblouissante, par-dessus les monts sombres du Var. La crête du Mont-Agel indique, dans l'est, l'emplacement de Monaco. J'ai devant moi le golfe de Nice. C'est la troisième étape qui s'apprête, où les galets remplacent le sable.

Sur la lisière bleuâtre de ces silex quasi-normands, le railway court, enjambe des ruisseaux, se grise de vitesse. Nous brûlons Cagnes, perchée sur un mamelon, entre la Siagne et le Loup. Des tramways niçois y aboutissent, et il s'y instaure une station, au Cros-de-Cagnes, dénoncée par de vastes affiches. Les Alpes se sont évanouies ; mais les escarpements farouches de leur première assise se sont rapprochés. Par-delà un haut encorbellement de campagne, se dresse une falaise gigantesque, où le « Baou de Saint-Jeannet » avance, tel un éperon, pour apercevoir ce qui se passe en bas. Soudain, la route et le chemin de fer, sur le même viaduc de six arches, traversent le lit caillouteux où serpente l'eau savonneuse du Var.

Il n'y a plus de douane italienne de l'autre côté pour fouiller nos bagages, ni limiter nos désirs.

Les irredentistes peuvent vouloir reconquérir Nizza-Maritima; je ne crains point l'aventure. La soudure est solide. 250330 oui, contre 159 non, ratifièrent le traité du 24 avril 1860, par lequel Nice s'est donnée volontairement à la France. Ce département des Alpes méditerranéennes est bien à nous. Au besoin, nous saurions le défendre.

Pas une crête ne surgit alentour, que ne coiffe une forteresse, là haut, dans l'azur, véritable nid d'aigle. Le clairon sonne gaiement, du matin au soir, le long des ravines, menant les troupiers, alpins et lignards, bleuets et coquelicots, d'une allure martiale. Qu'ils y viennent donc !... J'entends déjà gronder l'artillerie.

Mais non, ce canon-là ne menace personne. Il tonne à blanc. Un bouchon de fumée monte, élégant, vers la nue. C'est simplement S. M. Carnaval, dont une salve inoffensive annonce l'entrée dans sa bonne capitale de folie et de soleil.

III

SA MAJESTÉ CARNAVAL

Carnaval et moi sommes débarqués ensemble ici, mais mon entrée y cause moins de tapage que la sienne. Carnaval est en ces lieux plus qu'un pantin : c'est presque un dieu. Depuis 1872, il règne tranquillement sur toute cette population, et son prestige grandit avec les années, phénomène rare.

Il a même fait tous les élèves rencontrés avant lui. D'abord Toulon, puis Menton, copièrent le gouvernement tintamarresque. Aujourd'hui Cannes reçoit un fantoche, arrivé en bateau, avec tout son bagage. Seul, Monaco semble bouder. Son Altesse Sérénissime La Roulette suffit-elle comme voisine au prince régnant, et trouve-t-il qu'elle partage son trône très suffisamment ?

Mais tous ces carnavals-là ne sont que des Carnavalons. L'unique, l'authentique, le mirifique reste le nôtre, celui de Nice, Carnaval numéroté, toujours le même, qu'un Comité, au lendemain de nos désastres, installa solidement. Je dois constater que la dynastie nouvelle y a ramené nos cinq milliards, sinon d'Allemagne, au moins de Russie, d'Amérique et d'Angleterre. Maintenant, la France elle-même vient lui payer tribut.

Des trains la versent sur l'avenue Thiers, constants, bondés, lambins, dédoublés, interminables. Les chars, les cavalcades, les asinades, encouragés, primés, subventionnés, constituent une véritable industrie. La pluie seule embrouillerait le protocole. Nous avons au contraire un temps incomparable, avec un ciel sans nuage, et les hôtels regorgent, les restaurants débordent, les magasins flamboient. Partout sont étalés des costumes aux couleurs obligatoires, galons or ou argent. Elles changent chaque année, pour la redoute du dimanche gras, la redoute-type, où n'entrent que des travestis soie et satin, qu'illuminent des girandoles. Place Charles-Albert, laquelle forme un côté de la place du Casino et complète avec elle la place Masséna, le dais est dressé pour le souverain, le dictateur, l'Idole.

— La guerre sud-africaine doit vous faire quelque tort? demandai-je à un Niçois.

— Oui et non. La reine Victoria ne nous rendait service que parce qu'elle arrivait à la fin du Carême. D'ailleurs, on exagère beaucoup.

Elle commença par séjourner à Grasse, puis se fixa à Cimiez. L'unique importance de cette fidélité consista dans l'affection réelle des Anglais pour leur vieille souveraine, qui les fuyait. Ils crurent faire preuve de loyalisme, en louant des logements meublés dans le voisinage de la villégiature royale.

L'appétence fut soulevée chez les logeurs, gargotiers, marchands quelconques, par la présence d'une princesse aussi entourée. Elle corsait les additions et amorçait la clientèle.

Les Savoyards, qui ne surent point la retenir à Aix-les-Bains, la regrettèrent. Les Toscans, chez qui elle passa presque un hiver, lui firent comprendre que Florence reste belle. Les Piémontais la sollicitèrent pour la « Rivière de Gênes », et les Monégasques crurent bon d'évoquer un instant leur neutralité. Elle ne cessa d'aimer cet hôtel Régina, dont elle fut la marraine

Nice y alignait, sous ses pieds, les vastes avenues, les rues droites, les traits élégants de sa contexture urbaine et française. Des fenêtres, quand le soleil tourne, elle voyait illuminer l'incomparable paysage, aux contours grecs : le Mont-Boron coiffé de pins, le roc du Château, la baie des Anges, l'embouchure du Var, et la pointe lointaine d'Antibes. Quel meilleur cadre offrir à une cure de lumière, de repos, et de fleurs ?

Je me laisse raconter pourtant qu'elle n'y apporta, en personne, aucune prospérité directe. A cet âge, on possède des manies, plutôt exigeantes. Sa Majesté vécut isolée, amena en sleeping sa cour propre, commanda à Londres jusqu'au roastbeef que le cuisinier lui servait respectueusement. Si quelques fournisseurs locaux se vantèrent de commercer avec elle, ils n'eussent osé avouer la modicité de la note.

Menée dans un fauteuil roulant par un bourricot, elle sillonnait les allées du parc voisin, ou exécutait en landau des promenades de banlieue, suivie d'agents discrets.

Quant aux fêtes, Victoria refusa d'y participer jamais. Le prince de Galles se mêlait au high-life voisin, encombré de grands-ducs ; mais maman refusa. Là fut le mauvais côté d'un séjour qui aurait dû être le rebond du Carnaval.

Je ne me sens plus le courage de blâmer cette humeur L'impératrice d'Autriche, pour s'isoler ainsi, adopta le Cap Martin. Le tzarevitch occupa la Turbie-sur-Mer. Léopold s'est bâti un palais à Beaulieu. La « comtesse de Balmoral » imitait ses augustes confrères, et nul n'a le droit de s'en étonner, car elle eût gêné plutôt les gens, à courir au bal masqué. N'importe, cette bouderie systématique diminue le regret, tandis que le décès de Carnaval ruinerait Nice entière.

Mais non, il arrive, par l'avenue de la Gare, toute droite, transformée en voûte de lumières. Le voilà! le voici!... Une lueur, une clameur immense s'élèvent, dans la nuit claire, sous la lune blanche.

Cent mille physionomies, variées, alignées, entassées, écrasées, émerveillées, étrangères, parisiennes, cosmopolites, se noient, se mélangent, se sourient. En tête du cortège, au flanc, derrière, des lampes resplendissent. Les Alpins qui les portent sont gais, vêtus du bourgeron de service, avec large ceinture bleue autour des reins et béret campé sur l'oreille. Ils sont entraînés d'ailleurs : leur fanfare ne cesse. Sitôt elle, des cavalcadours, en manteau pourpre, précèdent dame Carnaval.

C'est une femme haute de dix mètres. Elle salue, s'évente, se lève, se rassied, exprime tout le gré de se voir si bien acclamée, oubliant la douzaine de ses enfants, qui gesticulent par derrière. Vivat!...

Son époux, lui, enfourche un quatuor énorme. Trois fois gros autant qu'un éléphant, Carnaval rayonne, incline son sceptre, mais garde son chapeau. Le Protocole lui aura enseigné que les rois craignent les rhumes. Il représente un personnage de *la Bohême.*

Pour clore, un orchestre tempête, grimace, piétine, forme un groupe inouï.

Je citerai enfin deux tarasques, aux becs effroyables, vomissant du feu.

Ceci ne vaut peut-être pas en tout 25000 francs de planches, de madriers, de toiles, de cartons; mais le cadre, l'heure, la foule transforment l'exhibition. Une frénésie monte de la chose, parmi la fumée des flammes de Bengale. On n'entend qu'un bruit, pareil à celui de la mer, et ne voit qu'un épanouissement, semblable à une apothéose. Carnaval, Carnaval, Carnaval, priez pour nous, au ciel de la Folie, pour qu'il ne pleuve pas!...

La première fois qu'on assiste à cela, on est un peu surpris qu'une pareille aventure enthousiasme tant de gens à la fois. Puis l'ambiance vous gagne. On n'a plus qu'à suivre. J'ai vu des messieurs graves, qui blâmèrent Paris de « s'être roulé aux pieds d'un tzar », acclamer ici un empereur de baudruche.

Carnaval rencontre céans la collaboration du climat, du cadre, de la tradition. Les familles entières l'ont attendu, appelé, imploré, de longues semaines. Dès qu'il disparaîtra, elles recommenceront pour son successeur, Carnaval suivant. La fortune de toute cette ville vient du fantoche au rire peint. C'est pourquoi toute la ville en est toquée.

Je connais d'autres paillasses de chair et d'os, moins grands et guère moins éphémères, auxquels la même popularité inspira plus d'orgueil, et qui l'avaient conquise sans se donner tant de peine.

Lorsque le personnage est enfin rangé, la place redevient calme, sous le pavillon de transparent azur. Aux rampes du Casino, bâti sur le Paillon, vieux torrent mis dans cinq tunnels pour qu'on ne le voie pas si pierreux et si égoutier, les flammes de gaz convient les hivernants à une soirée de plaisir, cependant que le populaire regagne les faubourgs, ravi de s'être frotté aux oisifs, aux fortunés, ravi vraiment, sans aucune arrière-pensée de haine. Car cette démocratie très spéciale ne s'irrite jamais du luxe d'autrui, partage sa joie et n'envie point sa santé.

Moi, lentement, je descends vers la mer, par le Jardin public, planté aussi sur le fleuve confisqué, avec des palmiers qui se découpent autour d'une grotte artificielle où dorment les canards apprivoisés.

L'air est tiède. Quelques groupes flânent dans les massifs. Le kiosque à musique sert de remise aux balais, derrière des barricades de chaises. Les flots murmurent. Je passe devant le monument de la « Réunion », la pyramide blanche où la France reçoit Nice sur son cœur.

A gauche, le quai du Midi va joindre le roc du château, dont la cascade se tait.

A droite, la Jetée-Promenade, sur ses pilotis de fer, semble un palais de féerie, étincelant au sein des eaux, dressant sa « Gloire » d'or sous les étoiles.

La baie des Anges, arrondie comme des bras de déesse aimante, dort pâmée. Les vagues clapotent doucement sur le galet. Le phare de la Garoupe ouvre un œil clignotant, à l'ouest, au bout de la pointe d'Antibes. Et la lune danse sur les flots, que des barques muettes frôlent au loin, sous leur voile immobile, occupées à une pêche que vendront demain les filles aux regards hardis.

Derrière Sa Majesté Carnaval, il y a ici les divinités blanches de l'Attique, amenées par les rudes nautoniers d'autrefois, et qui n'ont plus voulu s'en aller.

IV

A VOL D'OISEAU.

C'est à vol d'aigle vraiment qu'il faudrait pouvoir contempler Nice dans son amphithéâtre de montagnes abruptes, rocheuses, aux corniches extraordinaires, la plupart rendues inaccessibles par les nécessités stratégiques. Partout, une sentinelle barre le passage, baïonnette au fusil. Heureusement restent le mont Alban, le mont Gros, le Vinaigrier et le Pacanaglia.

A eux quatre, ils ferment la rive gauche du Paillon, étrange fleuve dont le lit pierreux sert de séchoir aux blanchisseuses, et lui barrent l'horizon, à l'est. Un cinquième, le mont Boron, coiffé par une redoute, tombe directement dans la Méditerranée. La route d'Italie contourne ce mur de deux côtés.

A gauche, enveloppant le mont Gros, c'est celle de la Turbie, celle de Napoléon, la formidable, qui longe la côte au flanc des Alpes, afin d'y redescendre à Menton.

A droite, c'est la branche du littoral, qui suit le même destin, mais plus bas, desservant les stations, s'entrelaçant avec la voie ferrée, ayant des tunnels, surplombant, s'abaissant, tourbillonnant, encombrée par l'infatigable défilé d'équipages, d'automobiles, de bicyclettes, qui vont à Monaco ou en reviennent.

En dehors de ces issues, l'ancien chemin de Villefranche grimpe à même, presque à pic, afin de gagner cette dernière ville par le col de Nice, entre le mont Alban et le Vinaigrier. A l'arête, une route extraordinaire, l'ancienne route de Gênes, file à gauche, s'accroche, se hisse, gagne également la Turbie. Elle date des Césars. Tracée, pour l'éternité, elle survit aux abandons contemporains. Le sol en est de granit. Les chars l'ont escaladée, traînés par les pachydermes, et toutes les invasions l'usèrent comme un seuil d'autel.

Les Phéniciens étant arrivés ici, les Massaliètes prirent la ville qu'ils dénommèrent *Nixaia*, victoire. Attaqués par les Décéates et les Oxibiens, ils appelèrent les Romains à la rescousse. Ce fut ainsi que, 154 ans avant notre ère, parurent en Gaule les légions.

Alors la colline de Cimiez fut le chef-lieu de la province ligurienne. On y bâtit les arènes dont les ruines servent à présent au lawn-tennis, entre les vastes hôtels cosmopolites et le Jardin zoologique aux prétentions de ferme bretonne. Le moyen âge trouva ici un évêque et tout le monde se battit à l'entour : comtes de Savoie et de Provence, républiques d'Italie et de France, jusqu'aux Lascaris de Tende et aux Grimaldi de Monaco. Nice pourtant grandissait, intriguait, s'alliait aux Pisans, et se donnait aux Savoyards.

En 1543, François Ier et le dey Barberousse l'assiégèrent. Une femme, sorte de Jeanne Hachette, leur résista. Elle se nommait Caterina Segurana. La rue Segurane mène encore au massif isolé, au château abrupt, transformé en parc, qui sépare le port Lympia de la baie des Anges, et au revers duquel dort dans le cimetière ancien le tribun Gambetta.

En 1600, c'est Charles de Guise qui reprend Nice; puis c'est Catinat qui s'en empare, en 1691. Le duc de la Feuillade et le maréchal de Brunswick recommencent, en 1705. Entre chaque assaut, la maison de Savoie récupérait son domaine. Elle en sortit, en 1792, devant les troupes révolutionnaires, appelées par la foule. Elle y revint, en 1814, ramenée par notre écrasement. Nous y sommes, depuis 1860, et nous y resterons.

Le séparatisme s'évanouit. Les préfets occupent le magnifique Palais-Royal, en pleine vieille ville. La nouvelle cité déborde de tous les côtés à la fois, sillonnée par des tramways, des chars à bancs, des landaus, tout un peuple de cochers entraînés aux luttes électorales. Pourtant, lorsque le gouverneur militaire passe en revue nos régiments, le long de la Promenade des Anglais, c'est au drapeau tricolore que vont les ovations, dans la chaleur des musiques et la stridence des clairons d'alpins.

Nice, parmi ses grands hommes, cite Jean Galléan, armateur; puis Carle Vanloo, peintre hollandais; puis les Blanqui. Le père siégea à la Convention; les fils furent, l'un économiste, l'autre révolutionnaire. Masséna possède sa statue de bronze, en costume de bataille, et Garibaldi sa statue de marbre, en chemise rouge. Il y a même un buste, en l'honneur de feu Carnot, lequel visita la ville bénie, et elle en doit toujours un à feu Félix Faure, qui l'aima.

Je me demande même pourquoi nos Présidents n'auraient point ici leur villa nationale, au milieu des hôtelleries princières, affirmant que la République, à qui Nice s'offrit jadis de plein gré, sait s'en souvenir.

Pour le moment, à travers les maisons entourées d'oran-

NICE. — VUE GÉNÉRALE.

gers et de citronniers, je gravis la route de Gênes, l'antique, celle qui amena les Barbares du Piémont en Gaule, qui porta les demi-brigades de France en Lombardie. Elle constitue un raccourcis rocailleux, où des voitures de carriers défilent le précipice. Après une petite heure, on atteint un sentier, l'enfile, enjambe des éboulis, et arrive à la plate-forme du Vinaigrier, large de huit mètres carrés, d'où l'on plane.

J'y remplace des compagnies de chasseurs, simulant la guerre dans les nuages. De nuages, d'ailleurs, il n'y en a plus; il n'en est pas resté un seul, voire un de ces petits cirrus, flocons blancs comme de la fumée d'eau, qui se balancent parfois au zénith. Du bleu, rien que du bleu, tout le ciel est peint!...

Sous soi, dans une dégringolade, escalier fantastique, gradins préparés pour des géants, la montagne supporte des villas, des jardins, des oliviers, des carrés de fleurs fraîches. Au pied, le Paillon court en ruban d'argent. Des rues droites, des maisons claires, des toits rouges, marquent le quartier Nice-Riquier, tracé derrière le port, dont la jetée de pierres avance sous le roc isolé du Château. Les trains arrivent d'un souterrain, s'engloutissent en un second, et sifflent avec un panache qui s'allonge.

Le coteau de Cimiez, à présent repeuplé, jette un manteau de verdures, dominé par l'hôtel immense, tout cru, Excelsior-Regina-Palace, où Victoria, impératrice et reine, ne promènera plus son obésité.

D'autres coteaux s'en vont, fermant le cirque, Rimiez, L'Aire-Saint-Michel, Ginestière, Saint-Antoine, qui finissent à la pointe du Var, très plate.

Une seconde muraille surgit, au-dessus, en un vaste demi-cercle, qui unit le Paillon à l'Esterel, avec le crâne rond et nu du mont Chauve, les sommets de Saint-Jeannet, les gorges du Loup, Grasse enfin.

Une dernière chaîne s'élève encore, plus haute, masquée par la deuxième en certains points, mais se hissant au bout de toutes les vallées abruptes.

Celle-ci est blanche, de blancheur éclatante. La neige lui ouate un manteau d'hermine, d'une épaisseur de plusieurs mètres. Elle noie les gouffres, déforme les aspérités, épaissit les cimes. Ce sont les grandes Alpes, celles de la frontière. Leurs avalanches roulent dans ces torrents qui sont si cristallins et où les bugadières font la lessive.

Ce blanc, dans cet indigo, est inoubliable. Les forts ensevelis disparaissent. Le soleil descend, descend. Il faut l'imiter, car le crépuscule est traître, à pareil niveau. Attendons néanmoins !...

L'astre tombe sur l'Esterel. Il n'est plus qu'un globe sanglant, une boule de cuivre en fusion que ronge la montagne. Ses rayons ne se décident pas à capituler. Alors, tandis que l'ombre s'appesantit sur Nice, sur les jardins, sur le fleuve, la lumière remonte et dore davantage les cimes de neige, là-bas.

Cela dure, persiste, que l'orbe a disparu. Une musique militaire monte, dans la paix du soir, ramenant des troupes à la caserne, d'un pas allègre. Quel calme sur la mer, où les phares s'allument, tels des veilleuses !...

Celui de la Garoupe veille, tout à l'ouest, du côté où dure une transparence. Les voiles s'égarent, s'égrènent, s'effacent. Nice est dans une brume. La neige, de rose, devient presque violette. Elle s'efface enfin, dans la nuit étoilée, et je rentre en ville, où Montmartre me saisit à la gorge.

C'est la tournée du Chat Noir. J'ai promis de la visiter, dans la salle brillante où campent les chansonniers et ces héros, les guignols. L'assistance est princière. On montre des Rothschild aux fauteuils. Ils applaudissent à leur propre éreintement.

Car le Chat Noir a la griffe acérée. Il égratigne. Il émerveille aussi. Le *Sphinx*, de Fragerolles, est un opéra immense et saisissant, en vingt minutes, et l'*Épopée*, de Caran d'Ache, est tout Napoléon raconté, vu, acclamé, sur un écran de deux mètres carrés.

— Vous partez cette nuit? demandé-je aux camarades.

— Dame, nous n'avons pas le temps de stationner, nous.

Je songe au pauvre Salis, ancêtre de ceux-ci, qui s'est endormi, convaincu de sa besogne accomplie, loin des villas parfumées, après un séjour où je le croisai.

— Monseigneur, daignez prendre un bock au Café-Glacier, après le spectacle. Nous causerons de la rue Victor-Massé. Il fait froid, ici.

Le pauvre hère grelotait en effet, dans ses fourrures râpées, sous les astres qu'ils chantait encore, avant de fermer les yeux pour jamais sur les manuscrits et sur les ridicules. Son auditoire cosmopolite ne le réchauffait même pas. Rodolphe Salis était resté rapin et redevenu râpé.

V

LES VIOLONS DE L'AMIRAL

Je ne sais si nos navires sont capables de tenir grosse mer; mais je suis certain désormais que leur stabilité résiste à la pression de quatre mille personnes, de trois orchestres, et d'une bousculade de solliciteurs.

La preuve m'en fut donnée, par cette matinée coutumière, que l'escadre de la Méditerranée organise chaque carnaval, en rade de Villefranche, dans la splendeur de son bassin, enclos par des montagnes, où un morceau de l'infini scintille, avec des reflets d'émeraude ou de turquoise.

Pendant des années, Villafranca fut l'unique issue du royaume de Savoie vers l'horizon d'aventures. Nice était le port de commerce, et l'autre le port de guerre. Aujourd'hui encore j'en sais peu d'aussi sûrs.

La petite ville a conservé son aspect italien. Elle escalade la muraille du mont Alban, que couronne toujours une antique fortification, dont les arêtes aiguës se dessinent géométriquement. Des rues étroites, escarpées, contorses, s'encombrent de maisons bancales et d'arceaux trapus. L'église bâille comme jadis, par sa porte ouverte, masquée d'une tenture crasseuse. La citadelle enfin garde ses remparts, ses embrasures, ses canons.

Toute la nouveauté fut de tracer une voie carrossable

qui, par des lacets, rejoint la route de Monaco, où stationnent les voitures publiques, où stoppe le tramway, près de carrières sanguinolentes.

Le chemin de fer, arrivé par un tunnel, après avoir construit sa gare sur la grève de galets, la contourne en un remblai circulaire.

Tel est le site, qui s'anime, fin février, d'une dizaine de vaisseaux de haut rang, cuirassés, croiseurs, avisos, torpilleurs. Ainsi le veut une tradition, respectée des ministres. Toute l'année, d'ailleurs, cette escadre évolue pareillement, de Toulon à la frontière, de France en Corse, avec de longues poses, où les officiers domicilient leurs familles.

Villefranche se contente de les retenir, le temps d'égayer une population en pleine liesse. M. le vice-amiral n'a point manqué à ce devoir. Il me permit de combiner une matinée dansante avec l'inévitable excursion à la presqu'île de Saint-Jean, but connu de tous les hivernants, où un tram omnibus conduisait, en une heure, pour soixante centimes. Ces voitures, basses sur roues, contenaient une vingtaine de voyageurs, et se passaient très bien de tout rail. On les voit circuler en Italie et en Provence, au trot de leurs chevaux maigres sur les routes poussiéreuses, à travers les banlieues. Une allait au Var, une autre remontait le Paillon vers la Trinité et Drap, une troisième rapprochait le cimetière de Caucade; enfin, celle de Saint-Jean portait également à Villefranche et Beaulieu. Le tramway, les potences, le fil, le troley les ont reléguées chez quelque brocanteur, et les poules pondent dans le crin des coussins éventrés.

Les deux localités, après avoir vécu sous le même régime municipal, se séparèrent. Beaulieu, création de colons millionnaires, obtint son autonomie. Là se trouvent groupées, sous la montagne, les très riches propriétés, plusieurs hôtels énormes, et les noms de lord Salisbury, du roi des Belges, du cigarettier Abadie, de l'imprimeur Marinoni, sont liés au destin du pays.

Le dernier a payé de sa poche un port tout petit, où des marins d'opéra-comique offrent leur nacelle. Un hangar élégant abrite le wagon-lit-salon du directeur du *Petit Journal*. Le premier ministre d'Angleterre se contente d'un sleeping-car, en location. Cependant Villefranche amputée conserve Saint-Jean, presqu'île parfaite, subdivisée ensuite en Y.

A droite, le cap Ferrat; à gauche, la pointe du Saint-Hospice. Le premier ferme la rade de Villefranche, et le second la baie de Beaulieu. Tout le long se creusent des criques, se hérissent des falaises, s'amoncellent des algues. Le village de Saint-Jean, tourné vers l'Orient, comprend une centaine de pêcheurs, des cultures, beaucoup de villas. André Theuriet y habite, et Claude Vignon (feue dame Rouvier) y eut la sienne. Une ruelle porte son nom, en récompense d'un pêcheur tout nu, sculpté par elle, érigé sur le port, avec un chapeau melon et son filet.

La jetée s'éclaire d'un feu modeste. On y voit le flot dormir. Je ne connais point de lieu plus tranquille, ni plus apaisant, ni plus conforme à mon désir, loin des casinos, des véglione et des pétarades, avec l'aspect des formidables à-pics qui dominent Beaulieu, et la croupe fauve de la Petite-Afrique, trouée par le souterrain du chemin de fer et par celui de la route d'Eze.

Le cap Ferrat, au contraire, resté sauvage, montre son sol

PRESQU'ILE SAINT-JEAN.

de roches rougeâtres, grisâtres, bleuâtres, où écume une perpétuelle onde. Au milieu, un sémaphore coiffe une batterie. A l'extrémité, un phare monumental brille vers le large. Le reste appartient à la Compagnie générale des eaux, terrains à vendre, boisés ou non, pour le lotissement desquels une route circulaire serpente à mi-flanc, ombrée de sapins.

Des équipages y flânent. On fait de même, perd et retrouve le soleil, marche lentement, se repaît et s'attarde. Un bassin artificiel cimente un lac clair, dans un square de cactus, d'aloès et de palmiers. Tout auprès, un faux arc de triomphe poétise le site, romantique, rococo, bariolé de latin délicieux. Quand la spéculation aura réussi, il ne restera rien de ceci, hélas!

Je doute, par bonheur, qu'on bâtisse jamais sur le rivage même, car, pour y descendre, il faudrait le pied des chevrettes.

L'autre branche de l'Y est celle du Sans-Soupir ou Saint-Hospice. Un mamelon supporte une tour, percée de rares meurtrières. Un puits alimentait d'eau douce les habitants. De la plate-forme la vue embrasse les remparts alpins, couronnés par les monts Agel et de la Tête-de-Chien, dont les batteries sont presque dans le ciel, et sous lesquelles le rocher de Monaco laisse voir sa cathédrale.

Plus loin, le cap Martin avance, très vert, masquant Menton.

Tout là-bas enfin, des choses blanches émaillent la ligne de l'horizon : Bordighera, San-Remo, l'Italie.

A mes pieds, une petite chapelle, toujours close, laisse distinguer ses oratoires, à travers les fenêtres grillées, et un petit cimetière montre ses tombes, tournées du côté de la baie. On voit les trains stationner à Beaulieu, puis s'en aller, avec leurs boîtes oblongues. Une légère brume diaphanise les grandes cimes. Je demeure immobile, en contemplation, tandis que des odeurs âcres de lavande et de thym montent de la terre.

Saint-Jean sera, plus tard, commune libre. Au lever, il est rose ; à midi, il est blanc ; au crépuscule, il est gris. Le soleil en fait le tour, souriant. Mais c'est la nuit surtout qu'il faut le contempler, de la route de la Turbie, lorsque la lune miroite sur le lac docile, lorsque la lampe du port braque son œil rouge vers les silhouettes du promontoire.

Le tramway me ramène vers Villefranche. Il grimpe l'épine de la presqu'île, au sommet de laquelle un original construisit une villa toute ronde, dont les fenêtres regardent partout à la fois. La descente me ramène à la rade, animée de barquettes incessantes, courant du rivage au vaisseau-amiral, dont arrivent des flonflons. J'ai encore le temps d'assister à la dernière figure du bal.

Sur le pont du navire, des drapeaux multicolores sont l'unique cloison, forment écran. Des musiques jouent, conduites par des loups de mer, qui ont exécuté leurs mêmes airs sous les latitudes les plus extraordinaires du globe. Pour le moment, elles se contentent de valses, de quadrilles, de polkas, de scottichs.

Parmi les danseurs, les uniformes dominent ; de charmantes jeunes filles sont majorité, parmi les danseuses. Nous, civils, on ne nous demande qu'une toilette de ville, sans morgue ni ridicule. Partant, point de gibus affreux, ni de queue-de-pie désobligeante. Et quel entrain!

Mais la merveille demeure le cuirassé monstrueux, dont la toilette s'est ainsi transformée. Sur quatre étages de hauteur, les invités circulent, au milieu des plantes vertes, des fleurs, des motifs décoratifs, des pièces d'artillerie et des trophées d'armes. Les buffets occupent les batteries inférieures, le salon de repos absorbe le carré des officiers, le fumoir se juche au gaillard d'avant. Des tapis sont étendus. Quant aux choses réglementaires, rampes d'escaliers, cables d'acier, marches de cuivre, tout cela brille, récuré à outrance.

De la dunette, où des fauteuils furent créés avec des piles d'objets, le regard s'amuse, bercé au chatoiement des étoffes, à la griserie de la foule, à la jeunesse triomphante. Les plus audacieuses, les plus élégantes aussi, s'égarent doucement vers les coins défendus et palpent la culasse des canons colossaux d'une main frissonnante. La nuit est tombée, qu'on danse toujours, à la clarté de lustres électriques. Soudain, une salve éclate.

C'est un vaisseau voisin, un croiseur américain, égaré chez nous, qui célèbre l'anniversaire de Washington. On lui répond de la même poudre. Boum! boum!... Les coups retentissent dans la montagne, se prolongent, se répercutent. Alors je songe.

Je songe aux autres canonnades, qui réveillèrent les échos de la Canée, bombardée par les puissances chrétiennes et civilisées, au nom du Croissant intangible.

Je songe à Washington, à La Fayette, à Navarin; au contraste de cette joie mondaine, éclatant sous le même zénith, sur le même saphir.

Je songe aux cadavres qui roulent là-bas dans ses flots, aux incendies rougissant leur écume, aux massacres, aux abominations.

Et, voluptueusement, le *Beau Danube Bleu* balance les couples sur la croupe du minotaure de destruction et d'acier.

VI

BATAILLE DE FLEURS

Le programme d'aujourd'hui porte : première bataille de fleurs, grand corso de gala, distribution de bannières d'honneur. Encore une chose niçoise, essentiellement niçoise !

On se bat à Cannes, à Menton, à Juan-les-Pins, à Monaco, à Monte-Carlo. On se bat à Aix-les-Bains, à Luchon, à Boulogne. On eut même l'idée de se battre en juin à Paris. Nice conserve toutefois ses deux après-midi classiques : le jeudi et le lundi qui précèdent le mardi gras. On voulut vainement y ajouter une bataille vélocipédique, une bataille d'automobiles, et une de fin janvier.

Exquis est le défilé, auquel participent plus de 500 équipages, des luxueux, des moindres, voire des locatis. Aucun ne pénètre dans l'enceinte, s'il n'est fleuri. Tous y luttent franchement.

L'élégance, l'aristocratie, les maisons blasonnées adoptèrent ce rendez-vous. Depuis un mois, tout le Gotha et tout l'Armorial constituent la liste des touristes. Les villas sont ouvertes partout. La saison bat son plein, comme dit le cliché. Or, la saison, sur le littoral, c'est l'univers.

Croyez-vous qu'un millionnaire, s'il n'est ministre ou banquier, ait tort de préférer ce pays ?...

Le coupé le mieux clos, empli des meilleures fourrures,

ne vaudra jamais les victorias, les calèches, les mails-coachs, ou circuler en chapeau clair, en toilette d'été, sur la promenade des Anglais, rutilante et parfumée.

Enfin, lorsqu'on l'a enclose, pavoisée, et que les tribunes regorgent, et que les fenêtres sont prises d'assaut, et que les orchestres mêlent leurs accords aux murmures de la mer, quelle explosion de vie !...

— Cinq francs le cent, les bouquets, monsieur.

La première fois où j'assistai à ce spectacle, ce fut une révélation. Puis j'y revins. Lorsque les corsos commencent ensuite, j'y apporte l'acharnement d'un badaud.

Celui-ci a pour lui de mêler indistinctement toutes les classes sociales, moyennant qu'elles se fleurissent. L'égalité devant les violettes, les œillets, les roses, les jasmins, les camélias, les tulipes !... Des wagons entiers ne suffiraient point à emporter cette moisson idéale, lorsqu'elle est terminée, si chacun ne s'en retournait au logis, des dix mille belligérants, avec sa brassée merveilleuse.

Voici pêle-mêle des princesses et des voyageurs de train de plaisir, des mondaines et des gagne-petits, des officiers et des gigolos. Les uns sont en voiture, d'autres assis, d'autres à pied. Tous échangent des bouquets, non d'une main molle, mais avec enthousiasme, avec conviction, avec force, avec rage.

Où sont en ce moment les soucis, les affaires, les chagrins ?... Envolés, comme les ambitions concurrentes, les jalousies de castes, les préoccupations d'étiquettes. La Nature, qui crée, colore, épanouit tous ces pétales fragiles, en une nuit de clair de lune, ne veut pas qu'on se mêle de gâter son ouvrage. Elle donne la fleur à l'humanité, afin qu'elle la respire. Lorsque l'humanité la transforme en projectile, il faut du moins qu'il ne blesse personne.

Précisément passent les chars militaires.

Chaque arme a le sien : lignards, artilleurs, alpins. Ce sont des prolonges, ou des véhicules du train des équipages. Les fleurs cachent tout, noient tout, parent tout. Et ce sont des fleurs encore, que lancent des bombardes fleuries aux fleurs vivantes de la jeunesse et de l'amour, avec de grands rires, des vivats, des exclamations.

Quatre heures et demie. La terre est jonchée. Dans la poussière, roulent des gerbes dénouées, froissées, épuisées. Les munitions se raréfient. Pourtant, nul ne veut s'avouer vaincu, des tribunes aux voitures, des piétons aux cavaliers.

On a distribué les bannières de satin, de soie, d'or.

Les cochers sont las de retenir les attelages qu'énerve ce long piétinement, les attelages accoutumés aux larges enjambées sur les routes vertigineuses.

Le canon du Château tonne, annonçant la fin du combat.

Il faut se résigner à partir, à remonter vers la ville, à regagner sa chambre et son dîner banal, tandis que le soleil descend, pur, rond, sans nuage, derrière les montagnes, là-bas.

Je regarde alors s'éloigner une charretée de jeunes filles, Anglaises blondes, aux yeux clairs, dont la peau blanche apparaît aux coudes, et qui jettent toujours des bouquets, comme des baisers, oublieuses de ceux qui meurent dans le Sud-Africain, afin de distribuer les dividendes et garantir de perpétuelles vacances aux jolies filles d'Albion.

Ce soir, à l'Opéra, le premier veglione utilisera les mascarades de l'année précédente. La salle, coupée de loges, du plancher au plafond, à l'italienne, remplace celle qu'un terrible incendie anéantit, rôtissant les ballerines affolées, derrière leurs grilles. L'orchestre, couvert d'un plancher, constituera l'aire, et les couples intrigueront dans les corridors, sous l'anonymat, contemplés par les bouquetières aux gestes vicieux. Carnaval suit son programme, ponctuel et réglementaire.

Pourtant on ne l'a pas dérangé de son pavillon de papier peint et de stuc, place Charles-Albert.

Je le retrouve, immobile dans le crépuscule. Les palmiers du Jardin public n'ont pas un tressaillement, en cette atmosphère de clarté et de douceur. Seuls, les canards apprivoisés crient, pendant qu'une double haie de badauds voit passer les voitures effeuillées et lasses, regagnant le logis.

Aux terrasses des cafés, la foule consomme, bercée par les tziganes masculins et féminins. On s'engouffre au large corridor du Casino. Devant le tableau où s'affichent les dépêches, un groupe compact commente la séance de la Chambre. Ceci est loin, bien loin, pas assez loin encore !...

Sous le vitrage du hall-square, les gens sont chargés de fleurs pâmées, qui exhalent leur petite âme, et dont la fadeur attendrissante domine le relent des absinthes.

VII

L'ART D'ÊTRE MONÉGASQUE

Autrefois un nid d'aigles, un nid de pigeons aujourd'hui, telle est la principauté de Monaco, depuis qu'une concession, aussi intelligente qu'immorale, y a installé la Roulette, exilée d'Allemagne. J'en puis parler ici, comme on dit en cour d'assises, sans crainte et sans haine, n'ayant jamais gagné ni perdu un sou dans la formidable aventure, qui transforme en gouffre cet état minuscule, débris d'une seigneurie et d'une féodalité, survivance aux bouleversements de l'Europe contemporaine.

Quand, de Nice, on prend un des cinquante trains quotidiens qui desservent les vingt kilomètres légendaires, on traverse quatorze tunnels, avant de déboucher dans la tentation.

Après la baie de Beaulieu, délimitée par ses falaises, s'est glissée Eze-sur-Mer, que domine Eza, l'extraordinaire village perché dans le ciel, coiffé de la ruine sarrazine, escaladé par le sentier vertigineux. Puis on coupe une coquette propriété, dont les terrasses fleuries finissent sur une grève minuscule, où reste accroché un îlot d'enfant Robinson, planté de quelques pins. Ensuite on court au fond des abîmes, surplombé par la route sinueuse, surplombant des criques ignorées, jusqu'au souterrain de la Turbie (électricité, hôtel monumental, station naissante et parisienne). Ainsi l'on arrive devant le roc, large de trois cents mètres, long de huit cents, coupé à pic, dont le palais princier occupe le nord, dont la cathédrale purifie le sud. Là de maigres seigneurs, après s'être taillé jadis un assez joli morceau de territoire, taillent céans des banques.

Les Phéniciens, ayant découvert ce paysage, y abritèrent leurs nacelles, et le vouèrent à Hercule qu'ils appelaient Melkarth. Les Grecs de Marseille le nommèrent *Monoïkos*, l'unique patron, d'où *Monœci*, sous les Romains. Avec le christianisme, les prêtres vêtirent le dieu en moine, mais n'empêchèrent point les Barbaresques d'y succéder à Charlemagne. En 1152, Frédéric Ier d'Allemagne donna le tout aux Génois. Les Grimaldi vinrent derrière nos troupes.

Jean II fut par nous gouverneur de la Riviera. Son frère Lucien l'égorgea en 1505, et transforma son aire en lieu de piraterie, où se réfugia l'aristocratie génoise. La République lui répondit par l'envoi d'une flotte; Louis XIII le délivra après cinq mois de siège; son neveu, Barthélemi Doria, l'égorgea pour récompense.

Monaco fut tour à tour protégé par l'épée de Charles Quint et par la soutane de Richelieu. Les Grimaldi n'y rançonnaient alors que leur peuple. Dès 1792, les armées révolutionnaires les firent détrôner au passage par quatre hommes et un caporal. Celles des Alliés les remirent en possession. Le virus était trop profond. Talleyrand rendit en vain ce trônicule à ses anciens maîtres, et vainement Honoré V opéra une rentrée solennelle dans ses États. Pupille du Piémont, il préféra Paris. Lorsque Florestan Ier, ex-machiniste aux théâtres du boulevard, prit sa succession, Menton et Roquebrune s'insurgèrent et se dirent indépendantes. Après 1860, une soulte de quatre millions nous les rattacha, laissant le reste à Son Altesse Sérénissime.

Elle conserve le droit de battre monnaie en beaux écus d'or de cent francs, de populariser ses traits sur des timbres-poste, d'équiper deux centaines de carabiniers dont l'uniforme rappelle celui de nos gendarmes.

Cette force armée, encadrée par un colonel, plusieurs commandants, quelques capitaines, évolue, une fois l'an, en janvier, lors de la procession de Sainte-Dévote, patronne du pays. Cet après-midi-là, on tire le canon sur la place d'Armes, avec des pièces de bronze armoriées au chiffre de nos rois. La marine est représentée par le yacht, dont use Son Altesse en ses recherches sous-marines.

Le ministre de la justice préside le tribunal de simple police; celui de l'intérieur cumule le gouvernement général; celui des finances enfin est un vulgaire caissier. Il y a trois paroisses, une cathédrale, un évêque. Tous les fonctionnaires sont français, comme les douanes, comme la langue officielle. Demeurent simplement monégasques le drapeau blanc et rouge, le *Journal officiel*, l'hymne national. C'est plus qu'il n'en faut à ce peuple de logeurs, de croupiers, de restaurateurs, de commerçants en denrées alimentaires, et de pharmaciens anglo-franco-russes.

Pourquoi d'ailleurs protester contre un système où le souverain trouva seul le moyen de bouleverser son empire? Une simple boulette tourne dans une sébille, et la question sociale est résolue. Auparavant la princesse veuve Florestan faisait elle-même son marché en bonnet tuyauté; conviait tous les dignitaires du royaume, un jour d'hiver, en grand uniforme, devant le grand feu de la salle d'honneur, et les obligeait à se rôtir l'arrière-train afin de regarder fondre le beurre volé dans sa cuisine.

O temps patriarcal !... Le prince Charles III, aveugle, mariait son fils Albert Ier à une riche Anglaise, et la jeune épouse se disputait avec la vieille dame économe, parce qu'elle l'obligeait à servir du thé sans sucre ni plum-cake. Un bon divorce mit fin aux crises matrimoniales du dauphin, et le Saint-Père annula jusqu'au sacrement.

Seulement la princesse, avant de ravoir ses bijoux, dut livrer un dernier assaut au donjon.

Quinze boys solides se présentèrent, la garde croisa les armes, le capitaine Melon protesta.

— Nô, alors, boxer vô !...

Au premier coup de poing, l'officier blême se précipita affolé chez le prince :

— Altesse Sérénissime, on envahit le palais.

— Qui ça ?

— Les Anglais.

— Combien sont-ils ?...

— Quinze !

— Fichons le camp.

Ainsi furent reconquis les joyaux de la divorcée, un après-midi où Charles III se trouvait seul, devant les forces britanniques. Puis Albert Ier, remarié à une veuve très riche et très blonde, oublia. Et la Roulette continua de tourner.

Du jour où M. Blanc fut autorisé à exercer l'industrie

du Jeu, l'humble bourgade prit un prestige inouï, sur son socle abrupt.

En face, de l'autre côté, le court promontoire de Monte-Carlo est la chose unique, le monstre et l'enchanteur, le minotaure et le magicien, le capharnaüm et le temple.

Une population patoise là-dedans, qui fut une nationnette, qui n'est plus qu'une figuration, qui ne se mêle de rien, sauf d'empocher. L'argent et l'or roulent, en cascades. Le Monégasque ne chôme jamais; il ignore les rudesses de la conscription et nulle agitation politique n'a troublé la paix publique, depuis la sécession d'antan. Tout le monde participe aux bénéfices réalisés sur l'étranger drainé, mijoté, dépecé mathématiquement et délicieusement.

Et nous?... Dame, nous tenons les clés de la maison. Notre limite enferme ceci, à mi-coteau. Les sommets sont français. Deux surtout dominent : la Tête-de-Chien et le mont Agel. Sur chacun, un fort énorme se hérisse. En cinq minutes, ils feraient de la Principauté une bouillie. Ceci évoque même une historiette. On ne s'était jamais préoccupé de l'enclave, à l'état-major de la guerre. Soudain, un simple employé du P.-L.-M. eut l'idée de compulser les documents. Il y vit que le traité de Villafranca, prévoyant tout conflit, excepté avec l'Italie, avait spécifié que celle-ci reprendrait sa tutelle, en cas d'hostilités. Du coup, il fallut bouleverser le plan de mobilisation.

Les batteries furent ordonnées, les graphiques de voie ferrée furent modifiés, les quais de troupes furent créés en deçà de la frontière, et M. de Freycinet fit décerner au bureaucrate clairvoyant les palmes académiques.

Maintenant la neutralité monégasque est respectée au point que l'escorte des dragons présidentiels, envoyée de Nice à Menton pour M. Félix Faure, s'y rendit par la route de la Turbie.

Géographiquement, Monaco amuse comme un joujou, comme amusent Andorre et San-Marino. Elles ont refusé systématiquement les présents des casinotiers, fières de leurs mœurs austères, de leurs franchises séculaires, de leur liberté farouche. Est-ce parce qu'elles sont au sommet des montagnes, tandis que Monaco est au pied?

Je gravis le chemin muletier, qui se détache de l'avenue de la Gare, passe sous les remparts, atteint la place du Palais. De celle-ci je gagne la cathédrale, neuve, byzantine, dédiée à saint Nicolas. Je reviens par les jardins suspendus, couronnant tout le front sud-est d'une fortification réduite au silence, où le futur Musée océanographique jette ses assises babyloniennes jusque dans la mer. En trente minutes, j'ai accompli le tour de la Principauté.

Mais je resterais une journée, une semaine, des années, à m'imprégner de l'extravagant enfantillage.

De mon belvédère j'embrasse ce territoire exigu, surbâti, où l'univers entier vient se griser de plaisir ou se faire sauter la cervelle.

Les monts le poussent à la mer, l'écrasent, l'emprisonnent. Avant le railway et la route, les premiers croupiers nolisèrent un petit steamer, qui amenait de Nice au tapis vert. Le soir, il repartait. Seulement, comme Charles III avait été mis en éveil par l'incursion des domestiques de lady Hamilton, il fermait ses portes, relevait ses ponts-levis, ordonnait de passer par les armes tout individu

MONACO. — VUE GÉNÉRALE.

suspect. Le joueur attardé, s'il se présentait au poste, y couchait, et payait un louis d'amende. Depuis, on le transporte en landau, en automobile, en tram, en wagon-bar, du matin à l'aube, et il vient, et il repart, et la fumée blanche des locomotives ne cesse de s'enrouler autour des rochers.

Il vous semble voir un de ces panoramas mécaniques, construits en Suisse, dont les petits trains arrivent par des trous de souris, franchissent des viaducs, et s'enfoncent dans d'autres petits trous noirs.

A gauche, dans l'ouest, l'hôtel du cap d'Aglio ouvre sa verandah, incendiée par le soleil, sous la croupe de la Tête-de-Chien.

A droite, dans l'est, le Casino s'enveloppe de choses lumineuses, prolongé par les balustres du tir aux pigeons, et plus loin Roquebrune se colle à la falaise, le cap Martin allonge sa tache verte, l'Italie blanchit sa ligne sur la mer.

En face, c'est le mont Agel, haut de 1500 mètres, où se dessine la route colossale de Napoléon Ier, par laquelle passèrent au galop les batteries de la Grande-Armée, allant plaider la cause de César, aux rives de l'Adriatique, du Danube et du Tibre. La Turbie montre ses maisons huchées, son restaurant boulevardier, sa tour d'Auguste fendue comme d'un tranchant de la hache. Le funiculaire y monte, pareil à un gros scarabée, sur l'aveuglante aridité des pierres rôties.

En bas sont La Condamine, le ravin de Sainte-Dévote, le château-d'eau des thermes Valentia, un fouillis de villas, de monumentales conceptions hôtelières, de tuiles rouges comme le sang des suicidés, et de poteries étincelantes comme l'or des tables de jeu.

Suis-je en enfer, comme l'affirment les déveinards?...

Suis-je au paradis, comme le prétendent les gagnants?...

Je suis tout bonnement en pleine opérette, dans le grand-duché de la princesse Florestan, qui comptait ses morceaux de sucre, qui vendait ses olives aux chemineaux, qui soupçonnait l'archi-chancelier de faire cabrioler l'anse du panier.

VIII

HEUR ET MALHEUR

Oui, heur et malheur!.. Il y a de l'un et de l'autre, dans le rôle accompli à Monte-Carlo, depuis que la Constitution permit d'édifier le sanctuaire du dieu Hasard.

Là-bas, s'amoncelaient quelques rochers, coiffés d'herbes maigres. On les acquit, laissa au P.-L.-M. de quoi construire sa gare, puis fonda le « Cercle des Étrangers ». Sous cette enseigne, les millions vont, viennent, se brassent, s'évanouissent, devant le plastron irréprochable des employés.

Roulette ou trente et quarante!... L'enjeu minimum est d'un écu pour la première, d'un louis pour le second. Seule, la monnaie française est admise, avec les pièces de cent francs. On entre, on sort, sans autre formalité que la présentation d'une carte banale, délivrée à tous, sauf aux habitants du pays et aux fonctionnaires des Alpes-Maritimes. La tricherie est facile, au seuil du vaste édifice créé par Charles Garnier, signataire de l'Opéra, académicien.

Une fois autorisé, une atmosphère pesante, une chaleur intense, une angoisse vous étreignent. Tout impressionne: pilastres de marbre, lambris sévères, fresques peintes. Le jour pénètre péniblement, suppléé par le gaz. C'est le palais de la princesse Désirée.

Quant aux tables, assiégées par une foule haletante, elles ne chôment, ni l'hiver, ni l'été.

Des hommes, des femmes se mêlent à l'entour. Il y en a de râpés et de fastueux, de nerveux et de résolus, de toute espèce, de tout pays, de tout âge. Cela ne se cause pas, ne se comprend pas, ne s'aime pas. Jouer, perdre, gagner. La même passion emporte les deux sexes. Un silence de fer règne sur ce grouillement, que trouble seul le bruit du métal remué. Les pieds glissent sur le parquet ciré.

Devant le tapis vert, des gens pointent des probabilités, sur de petits cartons. Les martingales s'exerçent, qui finissent presque toujours de même. Fuyons, fuyons cet antre, où la folie nous prendrait d'appeler le feu du ciel, vengeur et purificateur!...

Mais alors l'autre côté de la question me reprend, dans l'atrium majestueux, aux colonnes romaines, aux larges issues, aux merveilleux ordonnancements. On sonne la fin d'un entr'acte. Pénétrons dans le théâtre.

Cette salle est carrée, superbe, dédiée aux chefs-d'œuvre. Quatre balcons, aux quatre angles, où tiennent bien quatre personnes, dominent simplement le parterre, avec la vaste loge princière. Des valets galonnés vous conduisent à des fauteuils. C'est un salon, le plus beau du monde, et c'est aussi un temple, celui de l'Art le plus pur.

Dirigé par un homme audacieux, il est aujourd'hui fréquenté par une élite. On y entend, on y applaudit des troupes telles que nulle capitale n'aurait le moyen de s'en offrir. Les artistes défilent sur la scène minuscule, où les ouvrages inconnus, où Berlioz, César Franck, Richard Wagner se succédèrent.

Qui paie ceci?... — Le jeu!...

Sortons, nous voici devant le monument lui-même. Une avenue, bordée d'édifices, entre deux rangs de palmiers, va jusqu'au pied de la montagne. Le café de Paris tient un angle et le Grand-Hôtel occupe l'autre. Des équipages évoluent, des promeneurs se rencontrent, des groupes envahissent le Palais des Beaux-Arts. On est heureux de vivre, d'être, de jouir.

Qui paie ceci?... — Le jeu!...

Contournons enfin le Casino et gagnons la terrasse. De la balustrade, le regard embrasse toute la Méditerranée, qui semble vous baigner. A droite, Monaco s'entasse sur son rocher; à gauche, le cap Martin prolonge ses verdures dans les flots. L'astre illumine tout.

Qui paie ceci?... — Le jeu!...

Oui, c'est le jeu, le jeu magique, que nous absolvons alors pour toutes ces transformations; le jeu sans lequel pousseraient, à Monte-Carlo, des chardons pour les ânes maigres; le jeu qui travaille pour le philosophe et pour le poète.

Jouerai-je?... Non pas!... Mieux vaut profiter sans scrupule des miettes tombées du rateau, avec l'égoïsme de ne point acquitter mon tribut.

Du reste, Monte-Carlo doit avoir aussi son bon génie. La Roulette existait auparavant en Allemagne. Elle a été installée depuis, en Belgique. Ni Baden-Baden, ni Hambourg, ni aucun des tripots d'antan ne réalisa mieux que nos stations de la Manche, de l'Océan, ou des Alpes, avec le simple baccara.

Il faut bénir ici le soleil, ce soleil également d'or, qui

gaspille ses richesses comme font les gogos, avec l'unique différence qu'elles ne s'épuisent pas...

Apollo se retirerait demain, trop pudique, que les Altesses Sérénissimes et les cagnottes demeureraient face à face, dans l'impuissance de réchauffer le foyer où se brûlent tant de papillons, où s'épanouissent tant de fleurs.

Monte-Carlo avait, au début, à lutter contre l'adversaire. C'étaient de jolies localités, près du Rhin, boisées, élégantes. Le jeu, expulsé de Paris, avait transporté là-bas tous les procédés du Palais-Royal. Les baigneurs, feignant d'utiliser un filet d'eau curative, vidaient leur bourse sans restaurer leur santé. Monte-Carlo, comme prétexte thermal, ne pouvait offrir que son climat, où la mode n'attirait pas encore. Il s'en tira par une habile réclame, si habile que, le jour venu, quand M. de Bismarck moralisa les autres stations en les annexant, celle-ci demeura unique en Europe.

Des traités sont passés, avec la presse entière, qui impliquent simplement l'insertion d'un bulletin météorologique. Toutefois si quelque chose d'incorrect se passe dans les salons, motus!... En 1893, trois bombes y furent déposées. Je le télégraphiai. Nul n'en parla, sauf une feuille italienne. Ce système a produit à Nice une plaie de journaux hebdomadaires, politiques ou non. Tous émargent. Parfois aussi, lorsque la subvention tarde, paraît un autre organe, qui éreinte le monstre. Il dure trois ou quatre numéros. La paix finit par se faire.

Ce que je vis de plus complet, en ce genre, fut la location, devant la gare, d'une immense palissade-annonce. Le titulaire y avait fait peindre, en fresques horrifiques, grandeur nature, le palais maudit, entouré de femmes se tordant les bras, de pendus tirant la langue, de revolvérisés gisant, de tous les spécimens du suicide. Monte-Carlo résista un hiver. Au suivant, le tableau avait disparu. On y lut d'inoffensives offres de terrains pour la plage de Juan-les-Pins; puis un vaste hôtel s'y édifia.

Par contre, les professeurs continuent à distribuer des prospectus. Tous furent arbitrairement exclus, parce qu'ils avaient découvert l'infaillible système. Ils vous le livrent bénévolement, par esprit de vengeance. Comment repousser le moyen de devenir millionnaire?

A côté vaticinent les somnambules extra-lucides, qui vous diront du moins l'avenir, faute de vous enseigner la série féerique.

Je citerai également les brochures, les livres, les statistiques, les permanences, les tableaux de probabilités.

A tous ces assauts, Monte-Carlo oppose sa sérénité. Il paie, il paie toujours. Les légendes augmentent même le prestige de cet extraordinaire budget.

On connaît le coup du déveinard, qui reçoit son billet de retour et dix louis pour débarrasser le tapis. On cite celui du faux décavé, père de famille ou fonctionnaire infidèle, qui menace de se tuer sur le seuil, auquel sa mésaventure est remboursée. On prétend même que de gros personnages, des législateurs parfois, extorquèrent la forte somme aux tenanciers, sous menace de musique.

J'ignore ce qu'il y a de vrai. Tout ce que risque ici un coquin adroit, c'est de n'y pouvoir remettre les pieds, à la suite de son exploit. On lui ferme le logis, après l'avoir obligé à signer un papier protecteur. Qui publiera jamais ces lignes pittoresques?... Elles fourniraient d'étranges aperçus sur la hideur morale, mais ne retiendraient pas cinq pour cent des enragés qui s'entassent dans les trains, ne prennent pas le temps de monter vingt-cinq marches où sont accolés deux ascenseurs, dédaignent d'égarer un coup d'œil sur l'incomparable panorama.

C'est l'impression aiguë, qui m'en détournerait peut-être encore plus que le raisonnement. Jouer, oui; mais agir!... A Monte-Carlo, je me sens un simple pantin, au milieu d'un bétail imbécile et muet, qui ne murmure même pas.

L'autre soir, une fumée âcre envahit les salons. Un commencement d'incendie apparut, du côté du calorifère. Ce fut une bousculade. Parmi les croupiers impassibles, les surveillants rigides, les pompiers multiples, nul ne bougea. Ils savent, eux, que tout est prévu, que tout est paré, et que rien de grave ne se produira.

Trois minutes plus tard, les fuyards rentraient et retrouvaient la partie où elle avait été interrompue.

Si la foudre vengeresse tombait sur Monte-Carlo, elle ne dérangerait personne, car on l'attend. Pair, impair, passe, manque, rouge ou noire!... Je viens de voir un homme se jeter à l'eau.

— Non, monsieur, me répond le commissaire de police.

— Mais enfin...

— Je vous dis, monsieur, que vous vous trompez.

Puis si, attendant le train, vous flânez jusqu'au viaduc où finit la gare, par-dessus une crique emmurée comme une piscine, vous découvrez un groupe de gens qui entourent le cadavre, rejeté par les flots.

— Monsieur, intervient l'aiguilleur, il est défendu de regarder les morts.

Heur et malheur!... Le tonnerre ne gronde pas encore. Je vois un petit nuage blanc, puis j'entends une détonation dans le ciel. C'est simplement le fort du mont Agel, qui tire là-haut, vers quelque ennemi plus sérieux que Son Altesse Sérénissime, ou que son fermier, beau-père d'un Bonaparte.

Le rouge a la couleur de la pourpre et du sang; le noir enveloppera les veuves et drapera les orphelins.

IX

LE CAP DES IMPÉRATRICES

De Monte-Carlo à Menton, il y a environ deux lieues, qui se franchissent fréquemment, ces deux villes étant chacune pour l'autre un naturel but d'excursion. La jonction des deux branches de la route nationale, grande et petite corniche, s'opère dans l'intervalle, au droit du cap Martin. Ovoïde, ce promontoire est le dernier qu'on trouve en France. On en accomplit le tour en une quarantaine de minutes. Là pourtant se groupent les touristes illustres.

Sur la roche, une couche de terrain gras, de teinte ocreuse, nourrit un bois de sapins, très touffu. Comme au cap Ferrat, un sémaphore fut construit, au point culminant, vers le milieu. De même, enfin, une compagnie immobilière s'efforce de mettre en valeur et en lots le site charmant, après l'avoir sillonné de chemins qui serpentent à travers le parc mi-sauvage.

Une des premières acquisitions émana de la veuve de Napoléon III. Elle habite la villa Cyrnos, banale, vaste, sans autre attrait. Celle qui fut impératrice des Français vit très retirée, simple en son deuil et en sa domesticité. Les cochers, arrêtant leurs clients devant la porte du jardin, leur indiquent le cas.

— Alors, on ne l'approche, ni ne lui cause?...

— Jamais.

Plus loin, un vaste hôtel meublé, aux chambres aérées, regarde le levant. Un étage était jadis retenu d'avance par l'impératrice d'Autriche, que l'empereur rejoignait volontiers. Le roi et la reine de Saxe y voisinèrent avec ces vieillards augustes. Depuis cette époque, le poignard de Luccheni mit fin à cette histoire touchante.

— Vous connaissiez l'impératrice?

— Oh! oui. Pas fière, et bonne marcheuse, elle allait volontiers jusqu'à Saint-Roman, à la limite de la Principauté. Sa mort ruine le cap. On lui a élevé un petit monument de reconnaissance.

Ailleurs, quelques coins se bâtirent moins luxueusement, quoique par des richards. Les conditions faites à l'amateur sont sévères. On tient à maintenir ici une véritable sélection de la naissance et du goût. Je m'y arrête, un peu surpris. Des équipages circulent, sous les feuillées toujours vertes. Un breack promène des Anglais quelconques. La paix demeure profonde.

— Vous n'avez ni gare, ni tramway en projet?

C'est inutile. Un casino avait été édifié, en dehors du Cap, haut perché. Ses fenêtres sont closes de volets. Je ne sais si elles s'ouvriront jamais, si elles furent jamais ouvertes.

Le souci du décorum caractérise ce lambeau détaché de Monaco, en même temps que Roquebrune et Menton. Alors, il formait une façon de récif, sous lequel pêchaient quelques barques. Elles montrent encore leurs voiles blanches, puis elles passent.

A droite, la côte se prolonge vers Monte-Carlo; à gauche, elle s'arrondit autour de Menton. Plus loin, on revoit encore la pointe de Saint-Jean, et de l'autre celle de San-Remo. Au nord, le mur de montagnes clôt hermétiquement l'horizon. Je distingue Roquebrune à mi-coteau, étrange hérissement de quelques logis séculaires, ruines d'un château-fort, chemin dégringolant vers la grève où deux trains s'abîmèrent en une rencontre terrible, et où quelques rares propriétaires amorcent la station de Cabbé, près celle du P.-L.-M.

Le paysage présente, sur ce point, un cachet de farouche aridité. La Tête-de-Chien et le mont Agel culminent. Au-dessous d'eux, des arêtes se détachent, sur le ciel bleu, avec une netteté géométrique, sinon très alpestre. Derrière Menton seulement une fissure se creuse, laquelle marque la coulée d'un torrent, au bout de laquelle les sommets se rejoignent. La coquette ville des poitrinaires se montre ainsi, sur les gradins d'un amphithéâtre, avec son port, sa jetée, son phare d'aspect moderne, sauf la tache de la vieille ville, que couronne le clocher.

Je détaille les vastes demeures cosmopolites, le boulevard sur la Méditerranée, voire la jetée blanche contre laquelle se blottissent les goélettes et les yachts. Une vaste caserne d'alpins m'envoie la sonnerie de ses clairons. C'est Cannes retournée, tout au bout de la patrie, plus française que Nice encore, puisqu'elle s'est donnée à nous après s'être reprise au ridicule podestat Honoré V.

Feu Félix Faure, lorsqu'il inaugura sur le Paillon le stèle de la réunion niçoise, vint ensuite consacrer ici celui de l'union mentonaise.

Aussitôt après, un triangle blanc, à peine perceptible sur la falaise, marque aux passants la frontière italienne. Un pont enjambe un ravin, d'où les carabiniers regardent les blanchisseuses étendre leur linge sur les pierres du torrent. De mon observatoire, la limite monégasque, quoique proche, se montre moins. Je la devine à une traînée rouge, pareille à une blessure. Là-bas sont les carrières de Saint-Roman, dont la grotte se visite pour vingt sous.

Je citerai quelques bicoques, hors de la clôture du Cap, où vivent des cultivateurs. Chacun trouve cadre à son gré. Je m'y plairais moins qu'ailleurs. Des têtes couronnées en raffolent. Pourtant une République règne sur cet espace choisi. Ses fonctionnaires y perçoivent l'impôt. Je croise un douanier, sous un arbre. Des messieurs comme il faut, qui flânent alentour, sont sans doute des agents de police en train de respirer l'air salin, tout en surveillant nos hôtes.

Quelquefois, c'est vers San-Remo qu'ils se dirigent, par l'autre corniche, celle de Gênes à Savone et Vintimiglia. Je l'ai jadis parcourue (1). Trop de cheminées d'ateliers noircissent leurs horizons. Un coup d'œil suffit à Oneglia et Porto-Maurizio, voisines, l'une perchée et l'autre blottie. L'express s'y arrête successivement. On y passerait volontiers quelques heures, la matinée à escalader Oneglia, l'après-midi à errer le long des quais de Porto-Maurizio. Je n'avais point prévu cette aubaine, ni le nid de vautours, ni la rade minuscule où se bercent des navires dans le bleu, lorsque, par les glaces claires du wagon-restaurant, je

(1) Lire *Au Pays Latin*, du même auteur.

guettais les accidents de la route, les tranchées à pic, les grèves sauvages, et les voiles blanches qui oscillent au gré de la houle.

Pêcheur, pêcheur de romance, que ramènes-tu dans ton filet en chantant?... Des poissons aux formes sardinières, ou des coquillages au ventre rose, ou encore de ces huîtres vertes que l'on nous vend dix sous la douzaine dans les cafés des cités, pêle-mêle avec les fleurs, et les statuettes, et les feuilles publiques?... Non pas, les pauvres hères travaillent dur, gagnent peu, et se laisseraient volontiers faire des rentes, ne fût-ce que pour les manger dans une de ces maisons mieux bâties, où de vastes terrasses sont plantées d'arbres aux feuilles larges, où San-Remo, qui fut français par force sous la Révolution, semble l'être redevenue par mode aujourd'hui.

Tout le monde y parle notre langue, employée dans toutes les enseignes. Pour un mot, on vous y refuserait les assignats de la Maison savoisienne. On nous copie soigneusement, depuis que la jalousie de nous voir prospérer fit surgir cette concurrence.

Les indigènes s'entassent, au flanc d'une colline, dans des ruelles étroites, escaladantes, enchevêtrées; les baigneurs ont leur voie, claire, propre, aménagée de boutiques élégantes. Un port sans importance y est défendu par un fort sans morgue. On heurte des affiches de spectacle, des pensions à prix fixe, des étalages de « souvenirs ». Toutefois, le meilleur point est en haut, à la Madone, qui sert de pèlerinage, d'où l'on embrasse les montagnes, les ravins, la grande bleue.

A droite, ces côtes sont les nôtres, celles de Menton.

MENTON. — VUE DE LA FRONTIÈRE ITALIENNE.

Hourrah !... Le soleil triomphe, royalement. Il est chaud, il est bon, il est d'or. Je m'y plonge avec délice, comme dans une chose tiède et délicate, couché sur un banc, à l'abri de quatre pins verts.

Il se fait meilleur qu'à Florence, dans ce site presque concitoyen. C'est là qu'un empereur d'Allemagne est venu soigner le mal implacable. Du séjour de Frédéric-Guillaume, nul ne se souvient aujourd'hui, et les gens de San-Remo ne se germanisent pas pour un visiteur de plus ou de moins, et leur boulevard Maritime s'appellerait plus volontiers la Promenade des Anglais que Kaiser-Strass.

Lorsque de Bordighera, d'Ospedaletti, de Vintimiglia et de San-Remo, nos transfuges voient le cap des Impératrices se profiler dans l'ouest avec ses verdures, ils doivent avoir une envie avec un regret.

— Que cherche donc Votre Majesté, à l'horizon ?..

— Je cherche la pinède heureuse où Elisabeth oubliait Corfou, et où Eugénie se console des Tuileries.

X

VERS LES CRÊTES

Entre le Var et l'Argens, il y a trois gradins de montagnes.

Le premier borde la mer, peu escarpé, constituant plutôt un plateau que bouleversent en tous sens des vallées profondes. Les contreforts, les assises en disparaissent, sous la verdure des sapins et des oliviers. Là, chaque cultivateur a son champ, où il récolte des fleurs, dont les pétales se transformeront en essences, dans les usines de Grasse.

Le second échelon, plus raide, est presque un mur de roches. La plus pittoresque prend la forme d'un môle énorme, au-dessus du village de Saint-Jeannet-la-Gaude. On la dénomme : le Baou. De loin en loin, une gorge farouche reçoit le torrent, qui va devenir une des jolies rivières, dans les vallées.

Le troisième rempart enfin, masqué souvent par le second, est celui des Alpes mêmes, des belles Alpes neigeuses, derrière lesquelles coulent la Durance, l'Isère, le Verdon, les affluents du Rhône, en des gouffres formidables.

Le littoral est desservi par des routes; le deuxième plan en possède déjà moins; au dernier, les cols rares sont seuls frayés.

C'est au pied du deuxième plan que serpente la ligne du

sud, le Central-Var, qui relie Nice à Grasse et Draguignan, par derrière. Ainsi son but stratégique se justifie. Le malheur est qu'il provoqua d'étranges marchés.

L'histoire du troisième rail est significative. Après avoir voté la voie étroite, on s'aperçut qu'elle entraverait la mobilisation, au lieu de la faciliter. Il fut donc convenu que les ouvrages d'art, les tunnels, les ponts seraient construits pour la voie normale. Aux deux rails nécessaires, on en ajouta un supplémentaire, qui permet au matériel des grandes compagnies de circuler. Le budget paya cher cette rallonge. Il tombe maintenant sous le sens qu'il n'y a plus de raison pour exploiter, avec des machines spéciales, des wagons spéciaux, ce qui pourrait être incorporé au réseau.

L'autonomie actuelle n'est utile à personne, sauf au touriste, auquel chaque gare offre un but d'excursion : Gattières sous son hameau, Saint-Jeannet sous le Baou; Vence qui fut romaine, accoudée sur deux vallons, et dont la République de Venise para la place d'une colonne amicale.

Le train tourne, tourne, tourne, à travers les fleurs et les rocs. Des viaducs fantastiques s'incurvent eux-mêmes au passage des torrents. Celui du Loup passe pour l'un des plus beaux de France, comme la gorge qu'il franchit est des plus recommandées. Je la remonte.

Un sentier accompagne une eau bouillonnante. Au bout de l'entreprise, le premier escalade la paroi et la deuxième en tombe d'une hauteur de cent mètres. C'est une douche, verticale, claire, diaphane, que l'on contemple longuement. Si l'on persiste à marcher, à grimper, à haleter, on atteint l'entonnoir.

Après le Loup, la ligne reprend sa marche vers Tourrettes et Grasse. Les abîmes cessent. Un coteau est traversé par un tunnel. Apparaît un amphithéâtre, avec Grasse bâtie contre les montagnes du nord, qui l'abritent du froid et la laissent se chauffer au soleil.

Il fait un temps superbe. Carnaval meurt demain. Si j'allais me retremper dans l'hiver !...

Il me suffit de prendre pour cela l'autre chemin de fer du sud et de le laisser me conduire au nord. A cinq lieues de la place Masséna, je trouverai janvier tout entier, sur la ligne de Puget-Théniers, qui se poursuivra bientôt vers Digne (1).

La course aux gorges de Cians est organisée. J'ai suivi simplement une fantaisie personnelle, utilisant le train hebdomadaire d'excursion, par un itinéraire vers la vallée du Var. On file vers les Alpes, tout droit.

Pont-Charles-Albert, halte !... Cet enjambement du fleuve, construit du temps de la domination sarde, a bel aspect. Ici commence le défilé de la Ciauda.

Entre deux falaises grises, monstrueuses, fantastiques, à pic, le Var roule, gronde, se révolte, s'apaise, sur son vaste lit de cailloux. Rien que lui, la route, la voie ferrée !... Ces deux dernières se côtoient, se surplombent, s'entremêlent, et passent comme elles peuvent, d'une rive à l'autre, cramponnées, perçant des massifs, utilisant des arches. Cela dure pendant vingt kilomètres.

Tantôt on croise un torrent, tantôt on distingue un village. L'un a pris son passage dans une ravine, l'autre est

(1) Paraîtra prochainement *Au Pays Alpin*, du même auteur.

perché vertigineusement sur un sommet paradoxal.

La petite locomotive court de sa vitesse modeste, à travers ceci, enveloppant d'un panache de fumée blanche les accidents du granit, où une usine de force électrique accrocha d'horribles poteaux d'acier et enroula de longs fils de cuivre.

Rarement le soleil pénètre en cet abîme, où la gelée met son verglas. A un moment la Vésubie nous rejoint. Toutes les cimes sont garnies de forteresses.

Le Clus de Cians a son point d'arrêt : une palissade avec un quai. Les gens sérieux sont descendus auparavant, à Touët-de-Beuil. Ceci leur permet de louer une voiture, afin de venir où le train me dépose. Là s'ouvrent les gorges dans le style romantique, plus étranglées encore, le torrent étant moindre.

Avez-vous vu parfois ces dessins que Victor Hugo improvisait, afin d'illustrer ses ouvrages ? Sous la main toujours rude du génie, ils présentent des paysages hyperboliques, sous des cieux inexistants. J'ai cru les retrouver dans ce site.

Quels burgs allemands, livrés au caprice des ans, présentent des remparts, des donjons, des redans, des fantômes plus hasardeux ?... Cela a été créé par la Nature.

On demeure surpris, on aurait peur, on admire.

Et le chemin, qu'anime une masure unique, bâtie de pierres brutes, dans un entrebâillement de la muraille, le chemin qui mène quelque part, ce chemin sans passagers, reçoit des éboulements, des avalanches, des chutes de roches, toute l'année. Un cantonnier paisible casse du silex. Je lui demande :

— Où va-t-on par ici ?

Il me répond un nom de localité obscure, que je ne retiens même pas.

Ceux qui l'habitent sont nos voisins. On les devine blasés. Ils fréquentent la merveille, appréciant mal s'ils marchent dans un conte de fée.

Comme pour le compléter, les gorges se terminent devant une montagne, la Montagne-Rouge, dont les colorations étonnent sous la neige. De maigres boutures signalent un reboisement, dans le cadre sauvage où les gens du Moulin-de-Rigaud nous servent un déjeuner simple, truite et volaille, avec une lampée de vin blanc. Si je continuais, je trouverais un deuxième défilé, encore plus étroit ; puis Beuil, enfin le Grand-Monnier, haut de 2818 mètres, où l'observatoire de Nice possède une succursale.

Je reviens, je flâne aux brusqueries du défilé, j'admire un roc moussu où perle une eau, je croise de rares « jardinières » où des paysans regagnent leur logis.

Sur le petit quai, j'attends le petit train. Il siffle. Maintenant, nous redescendons le Var, le défilé, le gouffre.

Levant la tête, je distingue péniblement un pan, un ruban de ciel clouté d'étoiles d'or. Une lune invisible se joue avec la dentelure des parois fauves. C'est poignant. Je songe alors à *Salambô*. Pourquoi le défilé de la Ciauda n'a-t-il pas inspiré celui de la Hache ?

Un simple mouvement de la terre resserrerait ces parois et vous y broierait. Non pas, elles sont solides. Les siècles les ont respectées. Il fallut que l'ingénieur s'aperçût qu'on pouvait les utiliser à faire circuler un railway à toute vapeur, dans la fantastique grandeur de ces ténèbres où la Tinée, la Mescla, la Vésubie et l'Esteron versent leurs eaux tumultueuses, par de gigantesques coupures, dans les flots furieux du Var.

Lorsque j'arrive à Nice, la lumière des lampes électriques veille sur la dernière nuit que passera Carnaval, sous son dais de la place Charles-Albert.

XI

FEU CARNAVAL

C'est aujourd'hui la suprême corvée de Sa Majesté. Le bon roi, qui règne céans, livré à tous les vents, sera jugé tantôt comme un pharaon, puis brûlé vif. De mauvaises langues disent d'ailleurs qu'il y aura substitution de personne, et que l'incinération sera subie par un sosie, pauvre jumeau grotesque, tandis que le vrai regagnera son home. La coutume s'accommode ainsi aux nécessités budgétaires, car on ne détruit pas gaiement un objet qui coûte gros, se vêt d'étoffes riches, se complique d'un mécanisme ingénieux.

Depuis l'entrée triomphale, en la nuit tombante, au milieu d'une foule en délire, Nice n'a pas cessé de rire, de chanter, de danser. Ces gens ont des gorges, des larynx, des jarrets véritablement extraordinaires.

Puis la fête du cortège, sur l'avenue de la Gare et la place Masséna, forma une voûte de banderoles et de lampions. Tout y défila, l'après-midi d'abord, le soir ensuite. Paris, à qui furent empruntés ses confettis de papier, collabore avec eux.

Les cavalcades sont ici mêlées aux asinades. Les isolés luttent parmi. C'est le régime du coq-à-l'âne, du rébus, du calembour, inspirant des combinaisons parfois spirituelles, souvent étranges.

Carnaval vient en tête ; sa femme le suit. Ensuite, une dizaine de chariots se meuvent et pivotent, les uns ingénieux, les autres lourdauds. Le comité les note au passage, et les tribunes y applaudissent. Les entrepreneurs savent calculer. De même opèrent les simples particuliers, pour leurs déguisements, leurs cartonnages, et leurs grimaces.

Ce souci gâte un peu la journée, organisée trop administrativement. Quant au public, il s'amuse plutôt par les yeux. Mais le deuxième dimanche arrive, le dimanche gras. On tire le canon. Il est deux heures. Jusqu'à quatre et demie, le confetti niçois apparaît, libre.

C'est la Folie qui s'élance, s'épand, se propage, triomphe, resplendit, dans le plus admirable cadre, pour la joie de cent mille toqués, dont je suis, dont vous seriez tous, car la contagion emporterait l'hypocondrie elle-même.

On la doit à un objet de rien, une boulette de plâtre, grosse comme un petit pois, vendue par sacs.

— Achetez vos bonbons!... Achetez vos bonbons!...

C'en étaient autrefois, grenaille de dragées avec laquelle se bombardaient les masques, en Italie. Ils ont réfléchi, passé chez le chaufournier, imaginé cette mitraille qui cingle, aveugle, est devenue une institution contre laquelle n'existe d'autre recours que le grillage.

Le visage emprisonné derrière lui, comme en un casque d'escrime, on se précipite dans la fournaise. Un costume usé ou un cache-poussière vous protège. Chacun a sa pelle et sa gibecière. En avant!

Le confetti est grossier, malfaisant, désagréable, m'avait-on raconté. Oui-dà! Il est exquis. A ce jeu, le belligérant se pique, la rue disparaît, la cohue devient égalitaire. Les véhicules y pénètrent, tels des caissons d'artillerie, avec leurs chevaux encapuchonnés.

Si quelqu'un redoute cette grêle, il n'a qu'à prendre le train pour la première station et à revenir au crépuscule.

Le même canon, qui ouvrit la guerre, la clôt. Dociles, les pires se conforment au veto. Il ne reste ensuite que des acrobaties coutumières, des irruptions à travers les cafés, des colloques iroquois, des quadrilles sur le trottoir.

Nice est Nice, Nice seule. Il faut savoir en jouir. Les grognons la fuient, mais l'immense majorité y abonde. Elle a raison. Le confetti de plâtre a la qualité de rendre la mascarade obligatoire. Pour un écu, on vous livre l'équipement complet. Chacun, individuellement, est ridicule. En tas, d'ensemble, le fait devient féerique.

Les intrigues se nouent, se perdent, se retrouvent. Des voitures pleut la provocation, à laquelle répliquent les piétons. Des femmes du monde se mêlent aux filles du peuple. Et quatre orchestres tonnent à la fois.

Place Masséna, des milliers de travestis cabriolent, s'accouplent, s'échevèlent, sous le soleil. Il illumine tout, il aveugle, il vous grise d'une débauche de couleurs.

Le matin, j'ai voulu d'abord m'égarer dans cette banlieue, ignorée de ceux qu'absorbent la Promenade des Anglais, la route de Monaco, le Jardin public, les explications des guides officiels.

Le mien est ma fantaisie.

Je vois une route : je la prends. J'admire une montagne : j'y grimpe. Je distingue un ravin : je m'y enfonce. Cela mène parfois à des mécomptes. Plus souvent la pâmoison est au bout de l'expérience.

Elle m'a entraîné dans la vallée du Paillon, descendue des cantons lointains, et m'a conduit à la Trinité et Drap, en une demi-heure de tram. On longe la rive du fleuve, puis remonte un de ses affluents: Si l'on voulait aller au delà, on atteindrait Levens. Où je m'arrête, le spectacle est suffisamment farouche.

C'est une gorge, qui va se tordant, parmi des roches abruptes. Le torrent y gronde, coloré d'ocre, de cascades en cascades. Des chutes plus hautes tombent du rempart, à travers les sapins. Suis-je en Savoie?.. La route se fraie passage. A un endroit, une grotte fréquentée sert de tunnel aux eaux. On les proclame pétrifiantes. La preuve en est surtout fournie par le bazar, où se débitent les objets imbus de calcaire. J'aime mieux la laisser en arrière, enfiler un raccourci, escalader la falaise par une série de lacets.

J'arrive à Falicon, village de trois cents habitants, juché sur une manière de promontoire, d'où l'on domine le fleuve.

Ce fut une forteresse, comme la plupart, où les Niçois vont boire, l'été, du vin au grand air. Bien grand il est, en effet. On hume le souffle d'un vent qui tourbillonne, avant de s'engouffrer. De quelle direction qu'il vienne, il enveloppe l'amas des maisons échafaudées, noircies par les ans, chancelantes et culottées.

— Où est le château fort? demandai-je.

— Le voici:

Des pans de murs épais sont troués de baies étroites.

Un portail y conduit. L'ancienne forteresse appartient désormais à plusieurs propriétaires, qui y logent. Ceci est fréquent, dans le Midi.

Une enfant de douze ans me montre « la belle vue », tout en tricotant. Une gaminette la suit, mal débarbouillée, un bouquet de violettes à la main. Je l'y remplace par un décime. Pourquoi tous les mendiants ne savent-ils point demander sous cette forme délicate?..

A présent je redescends vers Nice. La route départementale suit les contreforts; puis regagne, à l'Aire-Saint-Michel, celle qui forme la circonvallation. De ces hauteurs, la ville paraît sous toutes ses faces, à mesure que je m'éloigne de la montagne.

A chaque tournant, un équipage, une automobile, une bicyclette me croisent.

Comment n'a-t-on pas construit, le long de ce balcon, un tramway, ainsi qu'il existe à Gênes?... Toujours les cochers!... Ces citoyens exigeants sont des électeurs bien désagréables.

Je les maudirais, si je ne préférais au fond n'être point dérangé de ma flânerie par des appels de corne et le bruit d'une machine, au lieu d'entendre seulement la cascade de Cimiez tomber des bassins de la Vésubie dans les canalisations municipales.

Cimiez!... Un soleil, encore chaud, dore la façade colossale de Regina-Excelsior-Hôtel, blanche et ferme. Une brise agite les drapeaux, sur les dômes du pavillon central. Celui de l'ouest est coiffé de la couronne, en souvenir de S. M. Victoria, impératrice et reine. Le mouvement d'une population bruit à l'entour.

Auprès, ce sont les anciennes Arènes, débris de forme elliptique, que l'on traverse par deux brèches.

Plus bas, ce sont des villas superbes, au milieu de parcs, de verdures, de palmiers.

Je me surprends à envier la fortune, comme une chose bien plus appréciable, parce qu'elle vous autorise à vivre dans un pareil cadre, aux portes d'une ville semblable, que je retrouve dans tout l'enthousiasme.

Les couples tourbillonnent, devant le Casino, aux sons d'une musique frénétique. Le sol est blanc de confettis piétinés. Dans le crépuscule, les moins vigoureux s'enfuient vers la Jetée-Promenade, sous les eucalyptus, les mimosas, les palmiers du Jardin public. Toi, ô mardi gras, ne t'en va pas!... Non, tu t'effaces. Il ne reste qu'à te condamner à mort.

Sur le cours Saleya, dans la vieille ville, devant la Préfecture, ton bûcher est dressé. Carnaval y préside à une suprême farandole. Une fusée part. Bravo!... Elle monte vers les étoiles, où elle éclate, où elle se disperse. D'autres la suivent. Des pièces montées se perdent en fumée, après avoir brillé en astres. Un cri immense retentit. La torche a été mise sous l'échafaudage. Le bonhomme rouge apparaît dans les flammes. Pauvre bonhomme!...

Soudain, un bruit formidable annonce sa fin. Son corps, bourré de pétards, éclate d'un coup. Il n'y a plus qu'un bras qui tienne encore. Je le regarde faire des gestes sur la foule sombre, et supplier en vain les ténèbres.

Nice-la-Blanche, Nice-la-Bleue va se rendormir pour un an. Demain, les tribunes du Carnaval seront démolies. L'avenue de la Gare redeviendra elle-même, le Jardin public

MANQUE PAGES 1 à 4 [i. e. 229 à 2

reprendra son tran-tran de concerts bi-hebdomadaires, et les voitures d'hôtel circuleront sous un amoncellement de colis.

Je pousse jusqu'à la Promenade des Anglais. On danse à l'Opéra, on danse au Kursaal, on danse au Vélodrome, on danse à la Jetée-Promenade, on danse partout. Carnaval est mort!...

D'une main tâtonnante, je me rhabille, tantôt accroupi, tantôt accoté. Les lamentations des voisins m'exaspèrent. J'ouvre la porte, traverse la salle à manger, gagne l'escalier, suis sur le pont. Il vente un mistral du diable, sans pluie, sous les constellations qui rayonnent toujours. Le croissant de lune a disparu. Une autre étoile se montre, devant nous : le phare de la Giraglia.

Je suis seul sur ces planches, éclaboussé par les embruns. Là-haut, des voix partent de la dunette, « réservée au service ». Je réclame celui d'y accéder :

— Peut-on monter avec vous, lieutenant?

— Qui est dehors, par un temps pareil, nom du diable!

— Un passager.

— Elle est raide. Vous n'êtes pas malade, vous!...

— Non, mais je m'embête.

— Montez donc. Tenez bien la rampe. Elle manque de confortable. Puis couvrez-vous. Il ne fait pas chaud, ici.

Par une échelle de fer, j'ai rejoint le capitaine, l'homme de garde, et le pilote. Ce dernier, empoignant la roue, a les yeux sur la boussole, qu'une horloge accompagne. Sous nous, l'avant du paquebot se profile, très bas, avec le mât, où brûle un fanal. Rien que la mer sombre, rien que la veilleuse du phare, vers laquelle nous filons, dans la tranquillité de l'hélice.

Bâti sur un roc, à quelques encablures du rivage, il dénonce le cap Corse, pointe d'un poignard, dirigé vers le sol génois par l'île rebelle. Aucun navire n'est en vue. Leur route est ailleurs, qu'ils aillent de Gênes à Gibraltar ou de Marseille à Livourne, ou même cabotent le long des côtes.

Les lames sont relativement faibles, puisque nulle n'embarque. Pourtant nous y décrivons d'étonnants arcs de cercle, hors de la verticale, à des angles culbutants. La Méditerranée bouillonne sur elle-même.

Le capitaine me montre l'île, quasi basse, visible à peine.

— Quand nous aurons doublé la Giraglia, affirme-t-il, nous serons tranquilles.

Il est trois heures du matin. L'écume des flots mousse sous l'étrave. La basculade ne cesse pas. Je m'en repais avec ivresse, j'aspire l'air vif, je regarde l'azur, je voudrais seulement voir le lever du soleil.

— Vous feriez mieux d'aller vous recoucher, me conseille le marin. Nous en avons pour près d'une heure et demie encore. Puis, vous ne verrez rien.

Le spectacle est pourtant merveilleux, en cette nuit où clignotent les constellations, comme si le souffle d'ouragan troublait leur flamme éternelle. Il me vient des comparaisons avec nos bourrasques du Nord, dans la brume, sous la pluie battante. Je ne prétends pas que celles-ci soient aussi grandioses; mais cette folie de Borée, en une atmosphère sereine, ne manque point non plus d'un charme poignant, et je n'obéis qu'avec regret à l'avis très sage.

On a rattaché les tonneaux qui gesticulaient, le chien s'est terré en quelque coin, et les malades gémissent plus timidement. Je me rendors, jusqu'au moment où un coup de sifflet m'arrache de nouveau à ma couchette. Debout!... Nous sommes arrivés.

Bastia se dessine, site imprécis, au travers d'une aube

presque grise, dominé par des coteaux verts, que coiffe un rempart de cimes farouches. Son port a pour vestibule un goulot, entre le bec de deux jetées, qui vont l'une à l'autre. Ceci me rappellerait Cannes, si les quais étaient des boulevards, si les élégantes villégiatures s'alignaient, s'il n'y avait des tas de marchandises sur le rivage dont les détails se détachent avec un visage encore somnolent.

II

BASTIA EN TROIS TRANCHES

Bastia se subdivise en trois morceaux : le premier sur un promontoire, le second au-dessous, le troisième les enveloppant et venant au port neuf.

En 1380, Leonelle Lomellino, gouverneur pour le compte de Gênes, chassé de Biguglia par Arrigo della Rocca, bâtit ici un donjon, près d'un hameau. La République emmura aussitôt une poignée de bicoques. Ainsi fut constituée la « Citadelle », où j'entre non sans hésitation, surpris par la poterne, craignant de me tromper.

Dedans, la curiosité est de rencontrer, outre le fort proprement dit, avec sa porte couronnée d'une manière de clocheton, quatre ou cinq ruelles étranglées, parallèles, lépreuses. Là se dissimulent une prison et une église. Patriarcale, la première laisse passer sous son guichet les friandises qu'apportent des femmes aux hommes. Tout au pied, un soldat monte la garde autour d'une poudrière, parmi les tessons de verre, les pots cassés, les ordures. De l'autre côté, un petit jardin public, simplement tracé au revers du rocher, domine la mer superbe, la mer bleue, sur laquelle se dressent trois sommets, trois récifs, trois étonnements : Elbe, Capraja, Monte-Christo.

Elbe seule est importante, surtout par son souvenir.

BASTIA.

Les flots semblent la baigner, à même la falaise, sans une grève. Pourtant, l'œil finit, aidé de la jumelle, par distinguer quelques maisons blanches. Combien de fois l'impérial exilé monta-t-il là-haut, afin d'y regarder son pays natal, et y distinguer le drapeau fleurdelisé?...

Quant à Monte-Christo, Alexandre Dumas n'y fut jamais couronné, s'il y mit seulement les pieds.

Je dis cela pour les gens qui visitèrent, au château d'If, le cachot de l'abbé Faria.

Les autres éprouveront seulement la pensée que ces roches bizarres, découpées sur l'horizon, à sa ligne même, rapprochent bien les Italiens de cette Corse qui les hait, emploie systématiquement notre langue, et néanmoins conserve les mœurs, les aspects, les dehors de la race voisine, à travers les siècles et par-dessus les flots.

La vieille ville, échelonnée en balcon au vieux port, pourrait aussi aisément se rencontrer en Sardaigne ou en Piémont, car elle vous étonne par ses rues capricieuses, qui chevauchent follement le coteau, mêlées d'escaliers étranges, de rampes muletières, de voûtes sombres, de miradores peints en couleurs dégradées.

L'une, qui serpente à ravir, se nomme rue Droite.

Elles sont habitées par une population qui grouille, piaille, mais ne vous inquiète guère, la devinant honnête, amicale, pas mendiante.

Des barques de pêche s'arrêtent au rivage, derrière la digue de pierres. Le long du littoral, tous les villages trempent dans l'eau, habités de même façon. Quant au commerce de l'endroit, j'ai remarqué surtout les vitrines des couteliers, où se vendent de charmants outils pour les vendettas, voire des canifs pour les badauds.

Dans un coin, les saveliers règnent, auprès des drapiers, des épiciers, etc. Les professions se groupèrent de la sorte, chez nous, il y a un siècle ou deux. Bastia l'ignore peut-être. Maintenant le progrès y pénètre par les paquebots, de façon continue.

Ne propose-t-on pas de construire un tramway électrique?

En l'attendant, de fantastiques omnibus vous portent, pour dix ou quinze centimes, tapissières antédiluviennes, sales, éculées, aux rideaux poussiéreux, aux banquettes défoncées. Chacune appartient à son conducteur, qui la baptise selon son gré. Elles se dénomment ainsi : le Talisman, le Formidable, l'Ouragan. Nulle inscription n'indique où elles vont, ni d'où elles viennent, sans doute parce que tout le monde le sait, ou encore parce qu'elles n'ont guère le choix.

L'unique voie carrossable est la Traverse, qui descend de la Citadelle au Port-Neuf. Sous des rubriques diverses, cette rue prend un certain air, bordée d'hôtels, cafés, magasins. Ne vous y trompez pas trop vite. Ici rien ne rappelle Paris, Marseille, ou Nice.

Le pavage, à larges dalles, s'encadre de trottoirs, où grelotent une vingtaine d'arbres.

Par contre, ailleurs poussent des palmiers, des amandiers, des aloès, des figuiers, toute l'arborescence de la Côte d'Azur, moins les fleurs, plus rares, l'exportation en étant impossible.

A un tournant de la Traverse, je remarque le Palais de Justice, monument officiel, de style rococo, inspiré du

Parthénon, genre Louis-Philippe. La cour d'assises y siège, quoique Bastia ne soit que sous-préfecture. La Révolution, coupant la Corse en deux, comme le veut l'épine dorsale de ses montagnes, institua Bastia chef-lieu du Golo, et Ajaccio chef-lieu du Liamone. Mais un sénatus-consulte du 19 avril 1811 la confondit en un seul département. C'est pourquoi Bastia partage céans avec Ajaccio des attributions connexes.

A flanc du coteau, le Théâtre se dresse, lourd monument de granit, assez accort de l'extérieur, beaucoup mieux à l'intérieur. Malheureusement, il faut s'y résoudre à une troupe italienne, fût-ce pour y interpréter notre musique. Les nôtres coûtent trop cher.

On visite Saint-Jean-Baptiste, le lycée, la place Saint-Nicolas où Napoléon fut représenté en Romain par un sculpteur de Florence.

Les Bastiais me pardonneront de ne point prendre au sérieux leur prépondérance décorative, et de me contenter du charme de leur ville, si joliment enfermée par les cimes, qui la surplombent, mur abrupt sous lequel se cultivent les primeurs.

Au nord, le cap Corse constitue une merveille de végétation, de découpure, de paysage.

Au sud, par-delà les étangs plus ou moins malsains, la campagne produit et travaille.

J'ai devant moi l'aboutissement caractéristique des âges lointains, depuis le village de la Marina de Cardo où vivaient les pêcheurs, jusqu'aux môles du Port-Neuf que les ponts et chaussées conçurent pour une expansion qui viendra peut-être.

Prise par Gênes, rendue à elle-même, conquise et reconquise, Bastia accueillit comme un bienfait le décret qui nous l'annexa. Puis, en 1791, tandis que Paoli se battait pour la Corse, cette ville s'insurgea pour l'Église. Une femme, Fiora Oliva, menait les émeutiers contre les autorités révolutionnaires, coupables de troubler les coutumes religieuses. Ce temps est passé, et le petit railway insulaire, qui charge sur le quai des marchandises, y apporte les lièges et les vins, au meilleur profit de la cité actuelle, relativement vivante.

J'y sens autre chose que le cosmopolitisme, qui envahit les villes d'hiver. Ce calme ne me déplaît nullement. Pourquoi cependant pleut-il ce soir avec tant d'exaspération?

Des nuées noires sont arrivées du large. Les montagnes, avec leurs cimes en dents de scie, les accrochèrent au passage. Elles en cachent désormais le faîte. Demain, il y aura de la neige sur toutes ces roches grises, bâties pour le soleil.

— Monsieur a une lettre à envoyer sur le continent?

— Oui, mon garçon.

— C'est que le courrier de Marseille vient d'annoncer qu'il ne partirait pas cette nuit.

La nouvelle me prend au dépourvu. Je suis toujours en France, pas encore aux colonies, et me voici coupé de la patrie, comme si je me trouvais aux confins du désert ou au bout de l'Atlantique. Il suffit, pour nous isoler, d'une saute de vent et d'un coup de lame.

Le serviteur, lui, a repris sa besogne, tout naturellement.

— Les journaux !..

Et il m'apporte une feuille minuscule, emplie de potins locaux, où sont reproduites de très courtes dépêches parisiennes, en caractères d'affiches, officielles, dépaysées, laconiques. Seulement, elles évoquent tout un monde de gens, dans leur décor de choses, choses que j'oublie, gens qui m'importent peu, en cette salle d'estaminet tranquille, où le receveur des contributions joue aux cartes avec des militaires, des civils, sans causer politique.

Les petits omnibus ont cessé de sautiller sur les grandes dalles, depuis longtemps.

Je regagne ma chambre, le nez levé vers un ciel strié de pluie, avec l'unique inquiétude de la promenade du lendemain, tandis qu'un beuglement de sirène arrive du large, où quelque paquebot court de Sardaigne à Genova, longeant la côte.

III

LE CAP CORSE

Le grand charme de Bastia est d'en sortir afin de visiter la montagne ou le Cap. Il y a bien aussi la ressource de suivre vers le sud la côte orientale, et d'aller ainsi à Bonifacio, sinon simplement à Porto-Vecchio. Fort peu de touristes empruntent cet itinéraire, qui les promène, en un chemin de fer lent, à travers des marécages, des étangs, des lieux de fièvre, où l'hiver sévit avec colère.

Le Cap, au contraire, émerveille.

Long de dix lieues, large de trois à quatre, il constitue la queue de l'île, vertébrée d'une chaîne médiane qui a des sommets de 1 300 mètres : l'Alticcione, la Cima delle Follice, le Stello, le Pietra Pinzuta. Ces culminances, au centre, se rejoignent par une crête capricieuse, dentelée et nue, que des routes rares enjambent. Celle qu'on adopte est excellente, en bon macadam, entretenue par les ponts et chaussées.

De ce rempart descendent aussi des contreforts, dont un ruisseau forme autant de bassins, qui délimitent le même nombre de communes. La vigne y pousse, fournissant un vin renommé, qui se champagniserait volontiers. On en tire du madère, du malaga, du muscat, à son gré. Les gens de Livourne le vendaient, au dernier siècle, à leurs futurs alliés d'Allemagne, comme crus espagnols. On débite ce que le phylloxera en laissa, dans les auberges.

Ailleurs poussent les cédratiers, les oliviers, les orangers, les fruitiers divers. Ce sont des capitaux d'Américains, qui aménagèrent la région. On nomme ainsi les émigrants, revenus au pays, après fortune.

Le cap Corse en un mot constitue un des rares greniers, un des meilleurs celliers de l'île. Il possède deux villes, à sa base : Bastia, à l'est ; Saint-Florent, à l'ouest. Ce dernier serait plutôt un bourg. Si l'on y va par la rive, la distance est de 108 kilomètres. Elle tombe à 23, par le col de Teghime, que franchit la patache quotidienne. Il y en a 31, par le défilé de Lancone. Sur ce chemin se dresse l'église solitaire de Saint-Michel, bâtie à la place d'une mosquée mauresque, au temps de la domination pisane, avec des figures lubriques sculptées en médaillon.

Saint-Florent a 800 habitants, mais date de 1440, fondé au bord d'une vaste baie, à l'embouchure de l'Aliso. Les Génois, qui savaient choisir leurs relâches, ayant distingué celle-ci, l'ayant perdue, la firent reprendre, en 1554, à de Thermes par André Doria. En 1731, Gaffori et Ceccaldi les chassèrent, au nom des autonomistes, lesquels nous y assiégeaient encore, en 1794. Maintenant, sans railway, sans service postal, la petite cité agonise, bercée de temps en temps par la promesse d'un vaste port militaire, que les ministres annoncent aux candidats agréables. Puis elle retourne en pèlerinage aux ruines de Nebbio, qui fut grande, qui fut belle, que les Sarrasins détruisirent, et dont la cathédrale survit seule, près de l'évêché écroulé, reste mélancolique des grandeurs disparues.

Les lauriers-roses prospèrent, dans le terrain des marais assainis. Hélas! nous n'avons pas le loisir d'aller les respirer. Il faut nous borner à Erbalunga, hameau de pêcheurs où nous porte une voiture, attelée de deux petits chevaux maigres, qui trottent comme des enragés, à travers les pierres verdâtres dont on recharge la chaussée, tout le long du faubourg de la Toga, sous Cardo, sous l'ombrage des châtaigniers.

Les maisons lépreuses baignent dans la mer, où se terminent les ruelles étranges, grouillantes d'enfants.

En un carrefour, une chapelle ruinée sert de voirie, sans toit, sans sol, montrant encore la niche de deux autels peints, dont un cintre conserve son ange joufflu, témoin pieux des ébats de la volaille au milieu des tas d'ordures.

Sur un rocher se défend le vestige d'un donjon, dans le genre des tours dont les Génois hérissèrent toutes ces berges, rencontrées aujourd'hui avec surprise, puisqu'elles évoquent la comparaison avec d'identiques blockhaus, ceignant Jersey.

Erbalunga fut pourtant redoutable. Au moyen âge, les Gentili, seigneurs puissants, y tenaient résidence. De leur forteresse, des débris demeurent, à la cime d'un escarpement. Comme on comprend, à relire ces histoires, l'*Iliade* d'Homère!...

Ses rois furent mêmement des suzerains minuscules, commandant à des États auprès desquels Monaco serait une grande nation. Il a manqué seulement aux Corses un poète génial, afin d'immortaliser les entre-égorgements de leurs ancêtres. L'unique épopée qu'on cite à Bastia est la *Dionomachia*, de Salvatore Viale, récit des luttes héroïques auxquelles donna lieu, en 1832, la découverte d'un baudet mort, sur le passage de la procession du Vendredi saint.

Ceux de Borgo en accusèrent ceux de Luciana, et jetèrent l'âne devant leur église. Ceux de Luciana le reportèrent à ceux de Borgo, prirent d'assaut le village, allèrent empaler le cadavre au sommet du clocher. Enfin la gendarmerie enterra cette charogne litigieuse, et la bataille fut terminée.

Erbalunga n'a même point ça à nous offrir, de son passé. La population l'a oublié. Des bicoques s'éparpillent, sans ordre, presque croulantes. Au-dessus pourtant nous gagnons un cimetière, ou plus exactement ce qui y ressemble, quoique en différant tout à fait.

Les gens inhument leurs trépassés chez eux, en un champ, au bord d'un ravin. Nous en verrons, dans les sites les plus farouches. Ceci a provoqué la construction de trois oratoires à dôme sombre, entourés d'un carré de terre sèche. Mitoyen, un abri de pierres sert aux parents, qui s'y reposent, viennent accomplir les dévotions, y mangent, y boivent, y rient. Ces visites funéraires ressemblent à nos pique-nique de campagne. Mais le cadre où nous sommes a belle allure.

Derrière nous, les monts farouches se poudrent de neige, tandis que, devant nous, la mer bleue se ride de lames légères. Les trois îles y rayonnent, éclairées par le couchant. Un brick, sur la ligne d'horizon, se détache, immobile. Et, dans un four à chaux, qui se creuse à nos pieds, décalotté, rôdent de gros lézards verts, aux yeux malins, frétillants et fugaces.

Je m'aperçois maintenant que, pour accomplir le tour du cap Corse, il me faudrait plusieurs journées, deux au moins. Je me résigne à n'en toucher que le seuil. Il nous enseigna l'originalité de ces villages perdus, qui se ressemblent tous. Nous nous imaginerons les avoir tous vus, puisque les auteurs comparent le versant occidental à la « Corniche de Nice ».

Au delà d'Erbalunga, la route se taille à pic, sans atteindre pourtant l'extrême pointe, hors de laquelle le phare se soude au roc isolé de la Giraglia.

A Brando, je pourrais visiter une grotte par un sentier, sous les chênes, grotte à stalactites, découverte en 1841 par Ferdinandi, aménagée pour le tourisme et le commerce du propriétaire.

Simplement je regagne à Bastia. Dans le crépuscule, les hameaux et les criques s'assombrissent. Je me rappelle une promenade du même genre, sur la rive du détroit de Messine, un soir où j'allai au Faro par un tramway à vapeur qui franchissait des torrents pareils, au pied de montagnes semblables, le long d'une grève identique, mais en faisant un tapage et une fumée que notre carriole épargne au paysage.

IV

D'UNE MER A UNE AIRE

La Corse possède un unique chemin de fer, de Bastia à Ajaccio, auquel se rattachent deux embranchements, l'un vers la côte sud, l'autre vers la côte ouest. Le premier aboutit en pleins champs, à Ghisonnaccia, faute d'avoir été conduit jusqu'à Bonifacio, but promis; l'autre se termine en cul-de-sac, à Calvi, après avoir desservi la plaine de la Balagne et l'Ile-Rousse. L'État construisit ce réseau, puis l'afferma à la Compagnie qui l'exploite avec deux ou trois trains par jour. Le progrès paraît néanmoins énorme.

Autrefois il fallait plusieurs journées, afin de passer d'une mer à l'autre, voyage qui ne demande plus que sept heures, avec un parcours de 185 kilomètres, fournissant vingt-sept stations intermédiaires.

Mais aussi, quel extraordinaire tracé!... La ligne traverse l'île en biais, c'est-à-dire qu'elle doit franchir la chaîne centrale. Même de Clermont à Nîmes, ou de Grenoble à Marseille, ou d'Aurillac à Arvant, je n'ai rencontré nulle part rampes pareilles, courbes plus vertigineuses, balcons moins rassurants.

Cependant, si nous sommes à voie étroite, la crémaillère ne vient pas au secours de la vaillante petite locomotive.

Bastia, dont la petite gare clôt une courte avenue montant du port, est quitté par un souterrain, celui de la Torretta, long de 1500 mètres, et le défilé des souvenirs commence.

A Furiani, le chef de la grande révolte, Giafferi, retranché en 1726 dans une forteresse désormais anéantie, donna le premier coup aux Génois, dont les assauts se brisèrent là-contre.

A Biguglia fut la capitale du XIVe siècle, remplaçant Mariana détruite, remplacée par Bastia érigée. Ceci se passait, de 1372 à 1380, entre le patriote Arrigo della Rocca et le tyranneau Leonelle Lomellino. Le marécage, où frémissent les roseaux, fait exporter des anguilles jusqu'à Naples, et séduit les bécassines.

Au Borgo, l'une des cités belligérantes de l'Ane-Mort, de Ludre était retranché, en 1768, avec sept cents des nôtres. Le marquis de Chauvelin voulut le délivrer et Paoli le réduire. Ils arrivèrent ensemble devant la place, se battirent toute une journée, et Chauvelin fut rossé, et Paoli fut vainqueur, et de Ludre capitula.

A Cazamozza se détache à gauche l'embranchement de Ghisonaccia, et se visitent à six kilomètres les débris de Mariana, la cité de Marius, la cité mère. Un pont, des bains, un canal, des tombeaux rappellent encore cette gloire lointaine, avec une inscription tumulaire. La malaria, héritière des invasions, dévaste la contrée.

C'est ici qu'apparaît le premier buffet corse, une baraque, où se débitent des tartelettes, avec un vin d'or fauve, sirupeux, presque inquiétant, réellement exquis.

La voie suit le fleuve où Ponte-Nuovo fut une forteresse génoise, que défend encore une caserne crénelée. Tout proche, est Canavaggia. Nous y prîmes notre revanche du Borgo.

Au printemps 1769, le comte de Vaux était arrivé avec une armée sérieuse.

Le 27 avril, Paoli fit décréter la levée en masse par la « consulte » de Casinca.

Du 3 au 8 mai, on se fusilla, de village en village, autour du Golo.

Enfin les dernières forces insulaires, écrasées par nous, s'éparpillèrent, se crurent trahies, s'enfuirent définitivement.

Le Monte-Maggiore, témoin de toutes ces choses, domine de sa tête arrondie le fond de la vallée tragique, bien aménagée pour une guerre de partisans, en un site qui serait aussi volontiers sicilien ou calabrais. Je compare avec la ligne de Catane à Girgenti, par Caltanisetta. Ce sont ces plaques de terres brunes ou rouges, ces dénivellements, ces remblais, ces viaducs, jusqu'à ces vignobles ravagés par le phylloxera. J'ai laissé fuir à droite, avant Ponte-Leccia, la ligne de Calvi par la Balagne, et j'ai distingué longtemps d'avance, à gauche, le tunnel de San-Quilico, par où nous gagnons Corte, dont la station proprette possède une muraille, percée de meurtrières, en vue d'un siège inattendu.

Nous sommes bien au centre de l'île, dans la ville historique, où Paoli proclama l'indépendance, sur laquelle plane l'ombre du grand insurgé.

Pouvait-il mieux choisir que ce nid d'aigle, enveloppé de cimes sauvages, nœud où se rejoignent les ravins effroyables?... Sa statue s'y dresse. On montre sa maison, bicoque transformée en tribunal.

On voit celle de Gaffori, autre masure, où une Jeanne Hachette locale tint tête aux Génois, dont les balles restent marquées sur le mur. On en cite une troisième, qu'habita Charles Bonaparte, père d'empereur et de quatre rois, et où naquit Joseph, qui sévit sur l'Espagne. La vieille citadelle domine le tout.

Vincentello d'Istria, vice-roi de Corse, opérant au compte de l'Aragon, la maçonna en 1420. Ses murs épouvantés surplombent l'abîme où roule le Tavignano. Le roc est vertigineux. Ce fut de ce côté que s'évadèrent, sous la Révolution, les Gaffori et leurs partisans, détenus pour avoir soulevé une suprême sédition.

Auprès, un espace pelé, où grelotte un arbre, sert de dépotoir. C'est le « terrain maudit ». Là fut la maison d'un assassin et d'un traître, Roméi. Nul n'oserait y bâtir.

Ailleurs est la statue du général Arrighi de Casanova, duc de Padoue, et le collège Paoli, reste d'une Université fondée par le grand Corse, que vous prendriez pour un logis quelconque.

Enfin, une vaste caserne abrite les neuf cents ménages, qui furent expropriés de la citadelle, où s'étaient construites des rues entières, un quartier, comme à Nîmes, dans les Arènes.

Corte est sous-préfecture. On y grelotte. L'hiver se tasse là, enfermé par le cirque farouche.

Un hôtel nous y sert un déjeuner succulent, arrosé de

vins nerveux. Puis, la pluie se remet à tomber, tandis que je feuillette l'histoire.

Au IXe siècle, c'était une place d'armes. En 1419, Vincentello d'Istria la reprit aux Génois. En 1456, la compagnie de Saint-Georges l'acquit aux seigneurs de Campo-Fregoso. En 1553, elle se donna à Sampiero, lieutenant de Thermes. Les Génois y revinrent, puis en sortirent, puis y rentrèrent. En 1734, nous la leur enlevâmes, mais nous la perdîmes, en 1745. Ce fut en 1762, que Paoli y proclama l'autonomie, que la junte y siégea, que furent frappés les actes du gouvernement corse au sceau dont les Avignonnais ont enrichi leur médaillier. Après Ponte-Nuovo, la France s'y installa pour toujours.

Je me demande, grelottant sous mon parapluie, si les fonctionnaires du lieu se réjouissent ardemment de sa glorieuse destinée, dans la monotonie de la leur.

Depuis le railway, tout le mouvement que donnaient les diligences, stoppant sur la route nationale, disparut. Les vignes sont avares.

On scie du marbre, baptisé de Carrare, dans des carrières environnantes. On récolte les châtaignes dans les forêts et les olives dans les vergers. On fabrique de vagues poteries. Par-dessus tout plane la citadelle orgueilleuse, transformée en lieu de détention, vers laquelle monte sans cesse la clameur du Tavignano, comme indigné des immondices déversées de la ville grise au ravin noir.

Les nuages, pour compléter la tristesse de ces murailles, de ces ruelles, de ce cours frileux, de ces boutiques aveuglées, roulent leurs lourdes masses par les gorges profondes, s'enroulent aux falaises énormes, pèsent systématiquement sur Corte l'emmurée, plus seule, plus froide, plus triste encore, où j'écoute cascader les ruisseaux, le long des pavages aigus, venant d'un réservoir que je ne vois plus, se déversant dans un gouffre que je devine.

V

LE ROYAUME DE BELLACOSCIA

Avant que les ingénieurs traçassent, le long de cet escarpement, la route en S qui gagne la gare, il fallait aborder ou quitter la ville au risque des entorses et des glissades. Je suis monté dans l'omnibus de l'hôtel. Le train siffle. Nous repartons.

Après avoir attendu en effet, durant des années, l'achèvement de cette section, le ruban d'acier lie maintenant les deux mers. Extravagant, il suit les contours d'une vallée, gagne du niveau à chaque gradin, accomplit des prouesses inouïes, adopte des prétextes variés. Nous montons, de tunnels en viaducs, vers celui de Vivario, merveille d'audace, sous un village perché à une hauteur énorme, un joli village dont la population pacifique, inaccessible à la vendetta, cultive des haricots hâtifs et puise une eau claire au bassin de la fontaine qu'orne la statue de Diane. La gare, en contre-bas, domine les lacets des rails, et une double boucle échafaude trois ponts l'un sur l'autre, dans la même ravine.

Une demi-heure plus loin, l'horreur éclate, à sept cents mètres au-dessous : la gorge du Vecchio, éboulement de pierres titaniques, des falaises, le torrent. Il y a des becs, des promontoires, des chicots. Le moindre déraillement nous jetterait en enfer, et la mine laissa saignante la roche surprise.

Le train tourne. Sur un plateau, cultivé, boisé, charmant, la neige tombe à gros flocons, coiffe les huttes forestières, habille les sapins. En Suisse, j'ai vu ces choses; mais

Pont et viaduc de Vivario.

la Suisse est la Suisse, où tout le monde s'exclame, tandis que la Corse reste un pauvre département français, où personne ne se risque. Voici l'Auvergne, à présent!....

La halte de Tattone précède la gare de Vizzavona, point culminant, parmi les sapins. Nous y atteignons 906 mètres d'altitude. Elle ressemble au Lioran, avec le chalet où on suit des cures estivales, la poste, le télégraphe, et vingt centimètres de neige sur les quais. Le Monte d'Oro forme une masse étincelante, à vue de nez. Un tunnel de 3 916 mètres ouvre sa gueule d'ombre, une gueule ovale, plus haute que large, juste assez évasée pour la voie unique et étroite.

Tandis que la machine se garnit de combustible et de liquide, je regarde tomber lentement, doucement, les flocons légers, presque immatériels. Aux arbres, ils mettent de lourdes guipures, des ouates, des diamants aussi. Pas âme qui vive. Le paysage m'impressionne par son silence, son isolement, encore plus que par cette chute diaphane et paisible, cette chute d'un hiver inattendu sur les épaules des montagnes énormes et résignées.

— Vous avez des voyageurs? dis-je au chef de station.

— L'été, oui. On va beaucoup à la Foce, où existent un grand hôtel, des maisons meublées, clientèle de touristes. Tout est fermé à présent.

Je m'en doute. Perdus dans ces forêts encore vierges et quasi inexploitables, les audacieux mourraient de froid. Pourtant on hiverne au Righi et au Salève.

La neige ne cesse pas. Elle recouvre les débris du campement qu'occupèrent les ouvriers, ici, pendant la construction de la ligne, laquelle était également livrée au public, de Vizzavona à Ajaccio, malgré le tunnel de jonction, moins long à forer que le furent à dessiner les circuits de Vivario, que le furent à éventrer les dentelures fauves du Vecchio. En voiture!...

Nous nous engloutissons. La voie descend. Le train file dans le noir, frémit, geint aux freins, se rue contre un but inconnu. Soudain le jour reparaît. O prestigieuse transformation!...

Nous débouchons au fond d'une impasse, au-dessus de la vallée du Gravona, avec les châtaigneraies à gauche et la paroi des monts à droite. Ici le ciel est bleu, le soleil illumine l'abîme, la neige ne tombe plus. Retenue par la chaîne, elle forme un voile aux faîtes, qui l'accrochent. En bas, ce sont des nuages clairs, des bandes d'azur, l'été sur la Méditerranée. Et le train dévale, malgré ses sabots, vers la campagne fertile, antithèse de celle que nous avons laissée derrière nous.

Il gagne le golfe d'Ajaccio, en suivant la rivière, avec de nouveaux viaducs, de nouveaux tunnels, presque riants, par une large courbe autour du cirque que viennent réchauffer les derniers rayons d'une belle journée, à deux lieues d'une rage de frimas, devant laquelle les nues tirent un rideau discret.

— Bocognano!...

C'est le nom de notre navire, c'est un chef-lieu de canton, c'est le « pays des brigands », c'est la patrie enfin de Bellacoscia. On vend sa photographie, parmi les « souvenirs » habituels : couteaux, gourdes, niaiseries en bois sculpté. Lui, amnistié, puis pensionné, mourut, chargé d'ans et de gloire. On a guillotiné, prosaïquement, l'un de ses héritiers. Et la municipalité revendique, devant les tribunaux, le domaine où la tribu vécut jadis, en guerre avec la société.

Ce fut en effet sur une propriété superbe, appartenant à la petite ville, que le berger Bellacoscia jeta son dévolu, le jour où, poursuivi pour viol et meurtre, il se rangea au maquis. Là-haut, le long de la chaîne, face à celle que raie céans le chemin de fer, vers le col et vers les cieux, il emmena ses trois belles-sœurs, dont il eut une vingtaine d'enfants. Ainsi se constitua la communauté.

Les insurgés possédaient leurs fermes, élevaient des troupeaux, exploitaient les bois, payaient au fisc l'impôt. Quant aux efforts de l'ordre, il est impossible de n'en pas sourire : durant un quart de siècle, l'État entretint céans cent cinquante gendarmes, en l'honneur des rebelles, et mobilisa toutes les brigades des cinq arrondissements. La troupe marchait. Jamais on n'empoigna un de ces repris de justice, dont les épouses filaient la laine, au seuil des logis cernés.

Ils échappaient à travers les ravins, par des sentiers connus d'eux seuls. Je crois bien que la population et les autorités y apportèrent aussi quelque bonne volonté. Les Bellacoscia étaient redoutables, mais populaires, et roublards surtout. Il savaient abattre leur espingole au bon moment.

A Bocognano notamment, ils voulurent se mêler de politique, contre le conseiller général, décédé sénateur et armateur en déconfiture. Leur tribu tenait pour les Pozzo di Borgo, qui édifièrent, sur un coteau, à cinq lieues d'Ajaccio, un château copié d'après les Tuileries, avec les pierres du palais incendié, et fournirent un député à Sartène. Ils avaient acquis les contumax. Or, lorsque ceux-ci descendirent au bourg, le maire les fit canarder par la maréchaussée. Ils déguerpirent, sans répliquer.

Dame, l'adversaire étant bien apparenté, si on l'eût fusillé, les siens auraient repincé les assassins.

Puis la dissension se glissa dans la forteresse, chez les bandits, devenus capitalistes. Frères et cousins s'entretuèrent. Un procureur de la République, moins peureux, fit confisquer leurs bêtes et brûler leurs récoltes. La voie ferrée s'aventura auprès d'eux, jusqu'au pied de la Foce. Il fallut capituler. Ainsi finit la légende plus illustre d'une Corse qui s'évanouit, comme ce soleil, frileux à présent, dont la tristesse se prolonge, en un crépuscule presque lugubre, cachant les cimes et traînant sur la vallée.

Ucciani!..

On y montre la maison où Bonaparte, arraché en 1793 par ses amis aux partisans de Paoli, se réfugia, après son emprisonnement à Bocognano.

On y admire le pont en anse de panier, dont Bernadotte dirigea les maçons, sous Louis XVI, et où il fut nommé caporal du *Royal-Marin*, premier degré de l'échelle qui devait le hisser jusqu'au trône.

Il fait nuit. Des points lumineux et rares marquent les villages, perdus dans la cuvette des verdures : Tavaco, Carbuccia, Mezzana. Puis une plainte tendre m'attire à sénestre. La mer est là, la mer doucement berceuse, dans laquelle une ligne de gaz se reflète à dextre. Ajaccio!..

C'est l'autre Corse, maintenant; celle des rois, de l'empereur, de ceux pour qui l'Europe fut à peine un maquis assez vaste, et dont l'épopée trouble encore, après le siècle écoulé, ceux qui président à l'éclosion du siècle nouveau.

Devant la petite gare quelques voitures d'hôtels patientent. La grève du mouillage des Capucins met la plainte des vagues au bord de l'étroite place. Nous filons, en un bruit de grelots, vers le cours Napoléon, dont les maisons sont closes et dont les habitants sont couchés.

VI

LE NID DE L'AIGLE

On dit le golfe d'Ajaccio un des plus beaux d'Europe, la baie de Rio-Janeiro étant la plus belle d'Amérique. Ce sont là des exagérations. Néanmoins, cette échancrure angulaire de quatre-vingt-dix kilomètres paraît charmante, enveloppée de montagnes, aux cimes vertes pour celles du premier plan, aux cimes blanches pour le second.

Du Capo di Muro à la pointe des Sanguinaires, la mer couvre de ses baisers une rive de rêve, Naples ou Palerme au choix.

Quant à la ville, bâtie au nord, montrant ses façades au midi, elle jouit d'un éternel printemps, qui permet de la classer parmi les stations hivernales, sans la comparer avec Nice. Ce serait trop d'optimisme. Si le climat y est plus doux, l'aménagement en est moins luxueux. Nous sommes dans un pays encore ignoré des touristes, sauf des Anglais, pour lesquels furent aménagés deux ou trois établissements presque adéquats.

De la gare au fond de la rade, continuant la route de Bastia, le cours Napoléon, artère principale, mène à la place du Diamant, classique, bordée par l'hôpital militaire, la caserne Abbatucci, le petit séminaire, quelques maisons. En équerre.

le cours Grandval monte vers l'esplanade du Casone. Le quartier étranger s'y sépare des autres.

Place du Diamant, à gauche, l'avenue du Premier-Consul, plantée de palmiers, descend au port.

Place du Diamant est le monument des Bonaparte.

Inauguré le 15 mai 1865, sous la présidence du prince Napoléon, il honore la famille entière, d'un seul coup. Les plans furent de Viollet-le-Duc. Je ne l'en félicite pas. L'admirable architecte imagina là une chose funéraire et ridicule, flanquée de deux reposoirs qui ressemblent à des tombeaux. Au milieu, l'empereur se dresse, en Romain. Ses quatre frères, Joseph, Jérôme, Louis, Lucien, sont aux quatre angles. Leurs barbes, leurs favoris, les font ressembler à des huissiers ou des notaires. C'est laid, lourd, bête.

Ailleurs, un Napoléon de marbre se cambre, sur la fontaine des Lions, un peu meilleur.

Au-dessus de la place Casone, parmi les pins, est la grotte de Napoléon, simple amoncellement de rochers, sous lequel César se serait reposé, étant enfant, ce que nient les historiens.

En la mairie, un musée spécial lui est consacré, en dehors de celui installé dans le palais Fesch. Sa maison natale se conserve, bâtisse quelconque, sur une ruelle étroite. En face, un square privé porte le nom de Lætitia. Un partisan fidèle y rapporta de Chislehurst le lierre qui décore la loge du gardien, mêlant ses feuilles aux pierres et le souvenir du petit-neveu à celui du grand-oncle. Tel est l'ensemble consacré.

Je le trouve plutôt mesquin.

Sur le mur, se décolorent les affiches électorales de

M. Emmanuel Arène, « candidat ajaccien », étranges proclamations dont la bénignité m'étonne, où la République n'est point citée une seule fois. On vient de célébrer, comme une solennité jubilaire, le centenaire du Consulat. Un congrès scientifique vient de s'y tenir. Ajaccio serait-il toujours impérialiste ?...

Non, mais le nid de l'Aigle ne peut en avoir perdu l'odeur. L'ombre plane sur l'île entière. C'est ici qu'elle se fixa pour toujours.

La Corse, d'après Pausanias, fut ouverte à la civilisation par les Phéniciens, qui y trouvèrent une race ligurienne ou étrusque, à laquelle succédèrent des Ibères. Diodore de Sicile prétend que ces sauvages y pratiquaient la « couvade », et le prince L.-L. Bonaparte pense qu'elle leur vint du pays basque. Bref, on est mal fixé sur ces choses ; mais on sait que les Phocéens, fuyant les Perses, fondèrent Alalia, au milieu de la vaste plaine orientale, dont l'étang de Diane marque le port, près Aleria, gare du railway Bastia-Ghisonaccia.

Thyrrhéniens et Carthaginois sont repoussés, puis les Phocéens s'en vont, les Étrusques arrivent, les Puniques s'installent, et le consul Lucius Cornélius Scipion, deux cent soixante ans avant notre ère, entame la conquête romaine. Elle dura un siècle, coûta dix expéditions, anéantit et reconstruisit les comptoirs du littoral, seuls au pouvoir de l'étranger. Mariana fut fondée par Marius, et Aleria restaurée par Sylla.

Tout ceci se passait à l'est. Les montagnes demeuraient indomptées. On ne parlait point d'Ajaccio, que les conteurs veulent dériver d'Ajax, roi grec, fondateur fabuleux d'une cité dont l'emplacement aurait été sur un monticule, dit du Vieux-Château, semé de vagues débris.

Puis les Vandales s'emparent de l'île, dont les chasse au vi° siècle Cyrille, lieutenant de Bélisaire. Goths, Lombards, Byzantins se la disputent, l'entre-pillent, s'y égorgent sur le butin, impuissants à l'asservir, aptes seulement aux randonnées, aux raids, aux pirateries. Ajaccio reste ignorée.

En 713, c'est le tour des Sarrasins que le comte Burchard, aux ordres de Charlemagne, y attaque, et que bat Charles, fils aîné de l'empereur à la barbe fleurie. Postérieurement Boniface, marquis de Toscane, s'implante à Bonifacio, qu'il constitue en fief, dès 833, et que les siens conservent, jusqu'en 951. La féodalité s'installe. Au xi° siècle, l'assemblée de Morosaglia couronne Sambuccio d'Alando, lequel fut l'émancipateur et l'organisateur de la patrie.

Il avait créé la « Terre de Commune ». Les hameaux d'une même vallée formaient la « pièvre », gouvernée par le « podesta », flanqué de « pères », qui élisaient le « caporale », magistrat populaire. Les podestas nommaient le « Conseil des Douze », suprême lien. Jusqu'à la Révolution française, à travers tous les avatars, la Terre de Commune subsista, et les conquérants restèrent des intrus, campant au milieu d'un peuple, sans le pénétrer.

Le saint-siège réclamait la Corse comme un legs de Charlemagne, avec les six évêchés. Grégoire VII obtint l'assentiment des insulaires, qu'il rattacha à Pise, promue en archevêché. Ainsi les Pisans la colonisèrent.

Gênes voulut la leur enlever. Le pape Innocent II la partagea entre les deux Républiques. Dès lors, ce fut la guerre perpétuelle, chacune ayant ses partisans. Sinucello, iuge della Rocca, Pisan illustre, fut superbe et bon, puis fut trahi et livré. Pise céda ses droits. La tyrannie génoise s'installa, malgré que le pape Boniface VIII essayât d'y substituer, en 1296, Jacques II, roi d'Aragon.

En 1348, la France parut, mais sans exercer encore ses droits. Les Génois massacraient tout. Les patriotes tenaient bon. En un dîner, où leurs chefs furent conviés par Pierre Fragoso, ils tombèrent dans un guet-apens. Sampiero releva les courages, obtint une armée du roi Henri II, et le maréchal de Thermes entama la superbe lutte, acclamé par les indigènes.

Ajaccio, que les Génois avaient réédifiée, était aux Leca, qui l'anéantirent, avant de le livrer à la fameuse Banque de Saint-Georges, concessionnaire omnipotente et rapace, laquelle dessina la ville actuelle. Sampiero la prit, la remit à Thermes, et la citadelle fut commencée.

Le traité de Cateau-Cambrésis ayant restitué l'île aux Génois, la forteresse fut terminée par eux, tandis que Sampiero essayait en vain de résister. Sa propre femme, Vanina d'Ornano, traite avec l'ennemi. Il la poignarde. Cinq années durant, le héros tient. Etienne Doria, général audacieux, ne peut le battre. Il achète son écuyer, Vittolo, qui l'assassine.

Après quoi Alphonse d'Ornano, son fils, poursuit l'œuvre. En 1569, Gênes supprime le tyran Fornari, envoie Georges Doria, proclame l'amnistie. Alors d'Ornano capitule, ayant obtenu le maintien de la Terre de Commune à toute l'île, l'abandon des créances fiscales, sauvé enfin son pays.

Il est mort maréchal de France.

Cependant s'expatrient avec lui ses fidèles. On en trouve à Rome, auprès du pape, et à Paris, auprès de Richelieu. Ils délivrent Marseille du péril espagnol. J.-B. Peri est lieutenant-général des armées de Louis XIV. Georges Doria s'en va, et ses successeurs recommencent les exactions, soulevant l'émeute.

Le 12 mars 1736 un simple aventurier, Théodore de Nehoff, se fait proclamer roi, au couvent d'Alesani. Il accorde une Constitution. Gênes implore à son tour notre appui. En 1738, cinq régiments débarquent : Théodore Ier s'est éclipsé, la paix est signée. En 1768, Pascal Paoli a une armée, et les Génois nous cèdent enfin leur pénible colonie. Le 9 mai 1769, la bataille de Ponte-Nuovo nous en rend maîtres. Et, le 15 août suivant, jour où Louis XV publie à Versailles l'édit de réunion, naît à Ajaccio, du légitime mariage de Charles Bonaparte et de son épouse, la signora Maria Letizia, un enfant du sexe masculin, auquel les susnommés déclarèrent donner le prénom de Napoléon.

Étrange coïncidence, certes, mais bien merveilleuse aussi, celle qui a souligné, heure pour heure, l'acte d'annexion par l'acte de naissance qu'on montre au coquet hôtel de ville d'Ajaccio, sis place des Palmiers, au bord de cette Méditerranée bleue, où flânent les voiles blanches!...

Le premier enfant, né français ici, fut celui-là.

Opinions à part sur les moyens du Titan, sur son génie, sur son rôle, je ne crois pas que l'Histoire oublie jamais cette consécration de l'instrument qui unit la Corse à la patrie nouvelle, à la patrie désormais intangible.

Elle y figure en ce moment sous l'aspect de deux bataillons d'infanterie, détachés du régiment qui assure la paix de l'île entière, par détachements éparpillés dans tous les coins. Une compagnie occupe l'antique citadelle, baignée des flots, à l'extrémité du promontoire qui sépare le port de la rade. Une station de torpilleurs la complète.

Sur le cours Napoléon voisinent la préfecture et le théâtre Saint-Gabriel. On vient de jouer, dans ce dernier, une revue locale due à un confrère. J'en pense autant de bien que me le permet mon ignorance des choses plaisantées. La population se promène, fréquente aux cafés, lit les feuilles avec un retard de trois jours, et possède une fanfare.

Hier soir, au Grand-Hôtel, on a tiré un feu d'artifice.

Réellement, il ne manque rien à Ajaccio, pour devenir un lieu mondain, rien qu'un casino, des communications, plus de plaisirs, moins de silence, et la poussée de la mode.

Ajaccio sera superbe, si on y met de la bonne volonté. Il offre au passant des rues propres, des plantations tropicales, des points de vue appréciables. Son golfe forme une claire cuvette, au milieu des verdures sombres, en pleines équinoxes. Lorsque s'aligneront les villas, sur toute la série des minuscules plages, aux sables fins, colorées de cailloux roses, de verts, de teintes douces, et tendres, et diverses, sur lesquelles la vague met une dentelle d'argent, rien n'empêchera de le préférer à la Riviera di Levante.

En dix heures, j'ai trouvé le temps de visiter tout, voire de m'aventurer, avec un fiacre primitif, le long du futur boulevard de quatorze kilomètres, le long de la délicieuse corniche qui mène aux Sanguinaires.

L'itinéraire étonne déjà, par sa « Cité des Morts », suite de mausolées épars, construits librement, au hasard de la berge, qui conduit au promontoire de la Parata, autre roc,

Iles Sanguinaires.

relié à la terre par un isthme minuscule, où se voit une de ces tours génoises dont j'ai parlé.

A cet endroit, les flots se brisent contre le granit. Une anse farouche est sans accès. Quant aux Sanguinaires, elles doivent ce nom à un sol rougeâtre, mais peu visible, alors que nous nous attendions aux colorations les plus incarnates. Leurs rochers farouches, îlots ou récifs, commandent l'arrivée des courriers, guidée par un phare, guettée par un sémaphore.

— On télégraphie tous les jours d'ici à Paris l'état de la mer, m'explique le cocher, et le prince Napoléon avait demandé à y être enterré.

— Pourquoi n'y est-il pas?

— La République s'y oppose.

Je songe, malgré moi, dans le calme de cette après-midi, en face de ces pierres déchiquetées, devant ce sémaphore tout blanc, au désir posthume du platonique prétendant, lequel se proclamait républicain, lequel fut le dernier Bonaparte, élu député de Corse, mort en exil, et dont le masque impérial cachait une âme de patricien sceptique, et qui rêva de dormir dans le granit comme Chateaubriand sur le Grand-Bey, et que l'on oblige à reposer loin de l'île où le Consulat est célébré par les autorités constitutionnelles.

En ce même instant, une fumée surgit, un paquebot déborde du large, le mât de signaux agite ses longs bras, les journaux de France entrent dans la baie d'Ajaccio.

Quelles nouvelles apportez-vous du continent, ô feuilles déjà anciennes, moins rapides que les jolies mouettes dont l'aile jette d'éclatantes virgules sur l'azur des eaux?...

VII

DES COMMODITÉS, S. V. P.

Voilà plusieurs jours que nous sommes en Corse, et nous n'avons pas vu encore le moindre brigand!... Réellement, M. Emmanuel Arène aurait-il pris le dernier bandit, pour son livre spirituel, et devons-nous en être réduits à le relire dans l'*Union républicaine*, feuille locale, qui le publie en feuilleton?... C'est même ce qu'elle fournit de mieux au lecteur.

La presse insulaire est représentée par deux quotidiens à Bastia, deux à Ajaccio, à quatre colonnes. On les lit en cinq minutes. Hors cela, les organes hebdomadaires font de la vendetta électorale, sous les titres les plus étranges. Un s'appelle *l'Aigle*, et l'autre *le Furet*.

Les vrais journaux, ceux de Marseille, de Toulouse, de Paris, arrivent avec des retards de quatre jours, quand la malle est encore à l'heure, ce qui advient rarement. En ce moment même souffle un mistral formidable, tandis qu'il neige toujours sur le Monte d'Oro, sur les cimes dorsales, sur l'arête de la grosse dorade qu'est cette île étrange, département français qui n'a même pas un paquebot quotidien.

Ce *quotidien*, entre Nice et la Corse, fait couler des flots d'encre. Chacun prêche pour sa paroisse. Les uns demandent l'escale de Bastia, d'autres celle d'Ajaccio, d'autres enfin Calvi ou Ile-Rousse.

Ces deux dernières villes, les plus rapprochées du continent, seront-elles choisies par la commission des services postaux maritimes?... Préfèrera-t-elle Calvi ou Ile-Rousse?... Rivales depuis plus d'un siècle, elles renouvellent la lutte qui s'engagea lors de l'établissement de la voie ferrée. En haine de Calvi et en dépit de l'administration et des efforts de son député, on fit choisir par la Chambre le tracé vert, qui, desservant Calvi par Ile-Rousse, ruina la Balagne entière. Le tracé rouge aurait certainement, au contraire, me dit-on, répandu l'aisance dans toutes les communes de l'arrondissement. Les rouges et les verts se retrouvent en présence, et Ajaccio voit la guerre allumée entre les deux petites cités, avec l'espoir qu'elle recommencera, plus utile, entre Bastia et elle-même.

Le port de Calvi est spacieux. Il ne renferme ni bancs, ni écueils, et le fond de la mer est formé de sable vaseux, favorable à la tenue des ancres. Un paquebot de n'importe quel tonnage peut y entrer et en sortir à toute heure de jour et de nuit, en toute saison et sans le moindre risque. Mais Calvi est à cinq lieues au sud de l'Ile-Rousse, qu'il faudrait rejoindre en railway, avant d'aller retrouver à Ponte-Leccia la seule ligne Bastia-Ajaccio. Il y aurait, d'ailleurs, 185 kilomètres par voie ferrée, au lieu de 164 par la route.

Le problème reste donc entier : il y a cinq heures de mer d'Ajaccio à Calvi, ou une demi-journée par voie ferrée, ou deux jours par la route, dont la moitié seulement possède jusqu'à Porto un omnibus quotidien.

Et les brigands ?...

Nous n'avons rencontré, ni sur le cours Napoléon, ni sur l'avenue du Premier-Consul, ni sur la place du Diamant, le citoyen armé en guerre, avec fusil, poignard, et mort de gendarme sur la conscience.

Par contre, on nous narre que Bellacoscia vint jadis ici, fut reçu par le préfet, dîna chez le général, il y a longtemps, très longtemps, une dizaine d'années, et on nous explique que des insoumis, des contumax, des isolés, tiennent encore la campagne, cachés, tels des renards au gîte.

Très malheureux, ils ne savent plus avoir l'allure de leurs ancêtres. Les Anglais leur rendent parfois visite. Toutefois on les mène volontiers chez des doublures, fumistes vulgaires, possédant à leur actif un délit de chasse, ou un port d'armes prohibé. Est-ce un mal ?

Si la gendarmerie ne tenait à toucher en Corse la haute paie, je crois qu'on n'y parlerait guère du banditisme, sauf à Zicavo. Il est remplacé ici par les auberges, la culture méthodique du pourboire, et des caravanes de chemineaux sardes, autrement dangereuses. Il ne faut pourtant rien exagérer, car beaucoup de choses manquent encore.

Ainsi tout le sud de l'île est deshérité.

La ligne de chemin de fer, parallèle à la rive orientale, qui part de Bastia par l'embranchement de Casamozza, attend à Ghisonaccia qu'on la construise sur les 90 kilomètres qui la séparent de l'extrême sud.

D'Ajaccio au même point, par Cauro, il y a 140 kilomètres de côtes, descentes, rampes, embarras divers, avant d'atteindre Bonifacio, ce qui nécessite deux journées de voitures, avec coucher à Sartène.

AJACCIO.

Et il en est ainsi, dans tous les sens, chaque fois qu'on veut sortir du tracé Bastia-Ajaccio, même pour se lancer vers cette Balagne, que dessert l'embranchement de Calvi.

Ce département semble hors des bienfaits de la mère-patrie, laquelle lui réclame sans cesse quelque chose. Jadis, le tabac, l'alcool, certaines marchandises y jouissaient d'une franchise absolue, ou au moins d'adoucissements fiscaux considérables. On a, peu à peu, relevé les taxes, presque au niveau des nôtres. Pour les encaisser, la douane pose ses agents au coin des baies et au sommet des falaises. Réellement, ceci mériterait les compensations, que je vois préconiser, sur un ton plus vif.

Les articles tragiques pleurent la misère de ce peuple, trahi sans cesse, qui manque de défenseurs et en appelle à la Justice. D'aucuns emploient ceci à servir leur parti politique, les bonapartistes accusant la République, les républicains prétendant en rendre responsables des fidélités trop blessantes au régime actuel. Certains poussent même le mécontentement jusqu'à comparer le sort de la Sardaigne, comblée par l'Italie, à celui de sa voisine, abandonnée par nous. Ce suprême argument passe les bornes.

La Sardaigne a été très coûteuse, parce qu'on l'a couverte de fortifications ; mais le paysan y meurt de faim, tandis que le Corse se suffit.

Depuis notre arrivée, nous n'avons pas rencontré un mendiant.

Même en faisant la part du caractère des gens, qui sont fiers, je pense que, si la terre ne produisait rien, si l'impôt prenait tout, on finirait par y tendre la main comme ailleurs.

Donc, la Corse possède une aisance relative.

Afin qu'elle se transformât, il serait seulement nécessaire d'y creuser des ports, d'y poser des rails, d'y subventionner des paquebots; de permettre enfin aux affaires d'être traitées à la façon coutumière, sans de perpétuelles entraves.

Nous y gagnerions de mieux juger, le connaissant davantage, ce pays où on rencontre des Anglais, des Allemands, des Russes, mais point de Français. L'impossibilité de parcourir l'île est le principal obstacle à sa prospérité. C'est ainsi que nous sommes enfermés dans Ajaccio, sa ville des morts, ses Sanguinaires, et les collines limitrophes.

Pour gagner Calvi, il n'y a de moyen que ceux dont j'ai parlé, sinon durant l'été, où les steamers y touchent.

Pour descendre à Bonifacio, il existe, en gros et en détail, hors les pataches, un service bi-mensuel et maritime, avec escale à Propriano.

Auparavant plus fréquent, il s'en allait même à Porto-Torrès, ville sarde. En outre, les Lanzi nolisaient un cargo-boat côtier, tournant autour de l'île. Ils l'ont supprimé, et la Compagnie Frayssinet raréfie son rôle en l'écourtant.

Ce sont là des allégations formelles, convaincantes. J'y souscris. Lorsqu'on veut des services convenables, les pouvoirs publics savent à quel prix. Cependant, le voyageur pâtit, le cultivateur geint, le percepteur encaisse, et le spectateur s'étonne.

Quant aux diligences, nos omnibus cellulaires les rappellent avantageusement. J'en ai rencontré d'étranges, en Auvergne, en Bretagne, en Suisse. Nulle part, elles ne prennent ce cachet : caisse peinte de couleurs criardes, six places de banquettes intérieures sans rembourrage, bâche horrible destinée à recevoir un chargement hyperbolique. On y roule néanmoins, remorqué par les petits chevaux maigres, qui galopent extraordinairement. Sur le siège, un vieux cocher, sans uniforme, fume son brûle-gueule. Et son chien, compagnon fidèle, dort à ses pieds ou s'enroule près de lui.

Je leur préfère céans le bateau à vapeur qui part demain pour Bonifacio. Cela tombe juste. Je ne crains pas la mer. Je permets à nos semblables d'avoir le cœur moins solide et de se dire sacrifiés.

Les seules « histoires de brigands » ne sont pas celles que narrent les vieilles gens, la nuit, au coin de l'âtre, tandis que le vent souffle sur le maquis et que le dogue hurle à la lune.

VIII

PROPRIANO, SARTÈNE, OLMETO, ET LE RESTE

Propriano, d'après Joanne, se compose d'une longue rue appelée « le Cours », bordée de maisons neuves, du quai où sont les agences maritimes et les magasins de négociants, de rues nouvelles. Il ajoute que, si l'on monte sur la plate-forme de l'église, on jouit d'une très belle vue sur le vaste golfe de Valinco, que les indigènes dénomment : golfe de Campo Moro. Il termine en soulignant que la population a doublé, et que ce port, merveilleusement situé, débouché naturel d'une des plus riches parties de la Corse, est appelé à un vaste avenir. Je ne veux pas contredire cet optimisme, sauf que Propriano, servi en effet par la nature, la topographie et le soleil, reste insuffisamment desservi par les hommes. De vérité, le tableau a surtout le charme qu'on attribue aux spectacles, dans un reculement volontaire.

Le « Cours » est un mauvais chemin boueux, les maisons neuves sont des taudis quelconques, la plate-forme de l'église forme une bosse primitive avec allure de décharge publique ; le quai enfin se réduit à un môle où vous embarquent les bateliers, afin de vous mener aux navires qui dorment sur leurs ancres.

Ces estimables maricoles, membres d'une seule famille,

étroitement syndiqués, écorchent le passager avec un cynisme unanime. Pour les marchandises, on les entasse sur une sorte de gros chaland, mi-radeau, mi-gribane, qui se promène en rade, selon les circonstances. Pourtant, lorsqu'on entre dans cette dernière, le charme se produit, car la côte se déroule, merveilleuse de caractère, avec ses roches bousculées, venant finir au Capo di Muro, lequel sépare les deux golfes.

Là-haut, battue par les vagues, une chapelle, dédiée à la Vierge, joujou d'enfant où brûle une lampe infatigable, concentre la dévotion des pêcheurs de murènes et de langoustes, qui, venant y prier, se réunissent dans l'anse minuscule cachée au pied, avant d'ouvrir leur voile, pour voguer vers Ajaccio.

C'est dans le golfe de Valinco que tombent le Taravo et le Rizzanèse, l'un au sud, l'autre au nord de Propriano, près d'un dolmen décapité.

Leurs vallées contrastent avec celles du Golo et de la Gravona, que nous avons suivies de Bastia à Ajaccio, remontant la première, descendant la seconde. Si elles sont dominées par les falaises arides, des chaînes granitiques, des pics dentelés, la végétation escalade leurs murailles. De la mer, l'aspect rit aux yeux. Dans la verdure, apparaissent des hameaux, grimpés toujours, afin d'aller au devant des rayons. Deux villes se montrent : Olmeto à gauche, Sartène au fond. Celle-ci est chef-lieu d'arrondissement ; celle-là est chef-lieu de canton. Nous les visiterons tour à tour. Propriano, plus modeste, semble se cacher loin, fort loin, tout au bout du profond triangle bleu, que dessine la Méditerranée.

Du large, il faut le regard perçant, afin de l'y distinguer. On est ébloui par la côte fuyante, qui se dirige au nord-ouest, qui s'en va au sud-ouest, qui se hérisse. Mais voici une jetée de pierres blanches, avec un feu rouge à son extrémité. Elle défend le pays. Auprès, fume la cheminée d'une fabrique. Je demande quelle est cette industrie.

— On confectionne ici, me répond-on, des pipes de bois.

Encore ne les achève-t-on point, dégrossissant seulement la matière, qui sera tournée, évidée, sculptée sur le continent. Je la vois, entassée en madriers énormes. Dire que nous fumerons ces arbres !...

D'autres apportent ici des barriques de vin, des lièges, des céréales. Le Gouvernement a promis la forte somme, afin d'aménager Propriano. Elle arrive lentement, ayant sans doute pris, elle aussi, la patache terrestre.

En aval de la jetée, il y a une jolie plage de gros sable. Nous voyons les flots s'y briser. Ils forment panache.

En amont, des plages encore, très jaunes, très gaies, très tentantes, évoquent le high-life sartènois, aux après-midis d'été, où darde ce soleil.

Propriano comporte deux hôtels et une auberge. Ils se valent. On y vit à cent sous par jour, coucher et boisson compris. La couche fleure la bonne lessive, et la boisson vous grise. A chaque repas des merles sont servis, bardés de lard, merles corses, les meilleurs merles du monde, dégotant joliment nos pauvres grives.

Nourris d'herbes parfumées, de graines sauvages, de raisins chauds, ils réconcilient rapidement avec la cuisine du brave hôtelier, depuis trente ans à ses fourneaux.

Au dessert, une vieille bouteille achève le ravissement.

SARTÈNE.

Alors nous admirons, et nous comprenons : l'auteur du Guide-Joanne a écrit sa notice après avoir mangé de ces oiseaux et bu de ce vin-là.

Mais un bruit de cavalerie nous rappelle que, Propriano étant le port de Sartène, un landau va nous y conduire.

Même au fond de la Lozère, où semblaient s'être concentrées toutes les berlines des émigrés, je n'avais pu découvrir calèche plus anachronique et grimaçante que celle-ci. Elle fut tapissée par nos ancêtres d'un tissu ramagé, dont les accrocs semblent réparés au hasard. Quant aux ressorts, ils doivent avoir plié sous le poids des préfets de la Restauration, gens d'importance, avant de nous amortir les chocs d'une route peu entretenue. Heureusement les deux petits chevaux maigres, le cocher à pèlerine, son chien assis, possèdent une vie intense, qui amuse, rassure, rend indulgent.

Nous partons, avec les éternels grelots. L'itinéraire franchit une colline sans importance, avant de passer dans le vallon du Rizzanèse, marécageux. Un pont de pierres, le pont de la Reine-Blanche, gît dans le fleuve, culbuté, éventré, ses piles chancelantes, remplacé par un ouvrage en bois, qui subit déjà certaines crues sans faiblir comme son aîné. Un paysage nouveau se présente.

A gauche, le Rizzanèse coule entre des peupliers très continentaux.

A droite, le maquis se hérisse de rochers gris et roses, qu'en dominent de fort imposants.

Deux blocs bizarres sont des « menhirs » : « il Frate » et « la Suora ». Un moine avait enlevé une religieuse, avec laquelle il fuyait. Dieu les pétrifia. C'est pourquoi ces noms rappellent la légende.

Depuis lors, une Compagnie franco-anglaise défriche ces terres, les plante de vignes savamment choisies, y produit un cru qui gratte. Sans elle, Sartène serait plus primitive encore. M'est témoin cependant qu'elle ne brille guère par l'allure citadine, malgré ses 6000 âmes, accrochant leurs maisons noires aux flancs du coteau que nous venons de gravir par lacets.

Son histoire annonce que, prise et pillée en 1583 par les Barbaresques, elle laissa entraîner ses habitants au pays infidèle. D'autres pirates y exercèrent leur métier, en 1732. Sous Louis-Philippe, dix années durant, la guerre civile ensanglanta ces ruelles, par zizanie entre le quartier du Borgo et celui de Santa-Anna. Je crois les esprits très apaisés, depuis lors; mais comme on doit s'y ennuyer, chez les fonctionnaires, auxquels manque ainsi l'unique distraction locale !....

L'église, la mairie, la sous-préfecture, tout se tasse sur la place Porta, où quelques arbres grelottent, où deux cafés à demi ensevelis se partagent la clientèle. Quand on y a médit du Gouvernement, il ne reste qu'à visiter les autres menhirs, dont il existe tout un assortiment, aux alentours, avec des dolmens par-dessus le marché. Ils attribuent à ces lieux un relief celtique plutôt inattendu, sinon suffisant pour nous empêcher de redescendre la route en zigzag, retraverser le pont de la Reine-Blanche, et aller chercher Olmeto, de l'autre côté de Propriano, en remontant par la route d'Ajaccio.

Ce bourg domine au contraire la vallée du Barucci. Il a

également des souvenirs tragiques. Ici la vendetta régnait sans contrepoids. Nous croisons plusieurs Corses armés et montés. Ce sont les premiers qui nous ravissent, le fusil en bandoulière. Menant leur cheval sans mors, ces centaures vont à leurs petites affaires paysannes, tout simplement. Oh! mes compatriotes si pacifiques!...

Vêtus de velours amiénois — velours de coton retrouvé soudain ici, — ils ne demandent rien aux gendarmes, qui ne leur réclament pas même le permis classique.

Moyennant quoi, Olmetto se soumet aux lois du pays.

Les abords en sont exquis. La culture y remplace la brousse coutumière. Reposant nos yeux, des arbres portent des fruits, et des ânes de la récolte. Nous ne regrettons pas le crochet qui nous a portés au pays de Colomba, encore tout inondé de lumière.

Sur le bord du chemin, un certain nombre de croix funèbres marquent tant de trépas accidentels, qu'il faut bien en attribuer quelques-uns à ces espingoles délictueuses.

Une seconde observation nous vient : nous voyons tous les hommes jaser, fumer, se chauffer au soleil, comme en un dimanche. Qui donc laboure, sème, engrange?... — Les femmes, sans doute.

Ce peuple, ayant la fierté de l'Arabe, en a parfois la fainéantise.

Cependant nous notons une dame assise sur un roc, baignée de rayons, surplombant un abîme, qui tricote en chantant une romance, à la porte du village, que nous évacuons, chassés par la chute du jour.

Avant Propriano il y a aussi les bains du Baracci, sur la rivière, près la Méditerranée.

Ces eaux sulfureuses et thermales guérissent un tas de maladies, pendant l'été. Notre cocher nous avoue néanmoins qu'elles tuent également quelques baigneurs, la région étant alors malariale en diable. Il fut découvert, près de la source, des débris génois et romains, d'où la conclusion qu'on fréquentait ici, car le rhumatisme appartient à toutes les époques. Pour le moment le paquebot fume. Propriano nous révéla tous ses mystères. Il nous reste à clore notre voyage par les Bouches de Bonifacio.

Nous dînons avec des merles, nous buvons du vin clair, nous allons faire un tour nocturne du côté de la fabrique de pipes.

Notre steamer, immobile sous ses feux, occupe tout seul le port, avec une goélette et la flottille de pêche. Les lames du large viennent déferler contre les blocs de la jetée. Le phare veille. C'est comme une pluie de diamants que les embruns jettent à nos pieds, sous le clignotement des étoiles.

IX

HISTOIRES DE BRIGANDS

— Alors, nous dit l'hôtelier, sa bougie à la main, dans la paix de sa salle rustique, vous ne voulez pas aller à Bonifacio par le courrier?..

— Merci bien, il y a soixante kilomètres et quatre cols.

— Oh! les cols, je les connais : celui d'Albitrino, puis celui d'Orasi, puis celui de la Testa, enfin celui de la Trinité. Vous avez tort pourtant. C'est un voyage superbe, sans aucun danger. Ortoli est mort, et Giovanni va passer devant le tribunal de Sartène.

— Hein, qu'est ceci?...

— Ce sont les derniers brigands.

Je me rassieds, je réclame une tasse de café, je tiens enfin mon anecdote.

Pierre Giovanni, que la brigade à cheval de Porto-Vecchio vient de « détruire » à Tarno, près Sainte-Lucie de Porto-Vecchio, dans une embuscade, était un des meilleurs types du genre. Dans la région d'Ortoli, de Zonza et de Tavaria, la réputation de ses assassinats successifs et la terreur qu'il exerçait sur les propriétaires s'étaient répandues. Les fermiers de l'arrondissement de Sartène tremblaient d'y songer, et on vous eût servi de telles histoires sur son compte qu'elles peuvent bien fournir matière à une nécrologie.

Giovanni Pierro prit le maquis en 1881, à la suite d'un simple vol de liège, commis en compagnie de son frère, Jean-Paul Giovanni, au préjudice de M. Tomagino, de Capa-di-Lecci. Pour se venger de la plainte déposée et du mandat d'arrêt, les deux drôles tuèrent l'aîné des fils Tomagino, qui avaient à venger la mort des leurs.

On n'avait pu s'approcher d'eux. Trois ans après, Jean-Paul Giovanni, en compagnie de Roccini, qui a été décapité, et de Baretone, condamné pour ce fait aux travaux forcés à perpétuité, assassina, sur l'instigation des frères et sœurs de Tomasini, un de leurs compagnons, les deux frères Cartucci, dans leur vigne, à 300 mètres du village de Caldarello.

Cet exploit, qui les transportait de la route Bonifacio-Bastia sur la route Bonifacio-Sartène, de la rive orientale à la rive ponante de l'île, ne leur porta point bonheur ; Jean-Paul Giovanni fut tué par les gendarmes de Porto-Vecchio, à Spedale, dans une rencontre où le gendarme Lavigne trouva la mort.

Giovanni Pierre roulait de maquis en maquis, de Pianottoli à Zonza, se terrait la nuit sous les fourrés épais ou parmi les rochers de Roccapina, dormait le jour dans des fermes isolées. Par la menace, il imposait son hospitalité. Un soir, le 6 juillet 1888, dans les environs de Caldarello, se postant et accroupi devant la maison de Pancrace Desante, il le tua raide en son logis, pour l'empêcher de porter témoignage contre les Tomasini, aux débats de l'assassinat des frères Cartucci.

Sans quitter le pays, Giovanni mettait à contribution la Compagnie des vignobles de l'Ortoli. Il était devenu le maître de cette région, qu'il ensanglanta de nouveau, en 1892, tuant Chaffero, dit Charvono, gardien des cultures, lequel, exaspéré de ses exactions, l'avait menacé de le dénoncer.

C'est après cet assassinat que Giovanni, qui vivait solitaire, s'annexa la compagnie de Tomasini. Il avait besoin d'un compagnon pour commettre un nouvel assassinat. En 1894, le 28 mai, il se porte, la nuit, sur la route de Sartène. Au moment où la voiture publique passe, il vise posément Alphonse Desanto, le fils de sa victime de Caldarello, qu'il étend raide sur les coussins. Le cocher, n'ayant pas entendu le coup de feu, conduisit un cadavre à destination.

La poursuite de Giovanni devient alors plus active. On lui dresse des pièges; on le cerne de toutes parts. Charles Desanto, le fils et le frère des victimes, est un habile et précieux auxiliaire. Plus que la justice, il tient à venger la mort des siens. Mais Giovanni passe entre les mailles du filet, non sans laisser trace.

En 1898, il tue le gendarme Lucciani, de Sartène, à Aquatremolo, juste au moment où ce dernier le met en joue. Quelques jours après, il tire un coup de fusil sur le gendarme Alibelli, près de Sorbolano. La balle brise la gourde du brave soldat, écrase ses lunettes dans leur étui de bois, et s'arrête à la doublure de la tunique. D'où l'avantage d'être myope et solidement boutonné.

Le 7 juin 1898, la gendarmerie de Sartène apprend par un des Desanto que Giovanni, en compagnie d'Ortoli, remontant de la plaine, ira prendre ses quartiers d'été vers les hauteurs des Tallano et du Coscione, où les forêts sont profondes, les sommets alpestres, les fromages succulents. Les gendarmes se postent, au lieu dit le Calvaire-de-Sorbollano, sur un terre-plein, surmonté d'une haute croix, dominant le sentier par lequel doivent passer les contumax. On établit, avec des pierres, des meurtrières autour du calvaire. On prend pour consigne de tirer sur le plus grand. La nuit arrive. Tout à coup, on entend des pas retentir et deux silhouettes d'hommes se dessinent en noir, sur le ciel rougi par le crépuscule.

— Rendez-vous! crie le brigadier.

C'est Giovanni et Ortoli qui, pour toute réponse, font feu dans la direction. Cinq coups de fusil répondent. Un homme tombe, l'autre disparaît. On se rue vers celui qu'on croit blessé, afin de le désarmer. C'est Ortoli!...

Marchant sur le haut du sentier, il paraissait le plus grand, et les gendarmes l'avaient pris pour Giovanni. Il est mort. Le corps est roulé dans le pelone, grand manteau de bure qui est tout le mobilier du pâtre et du bandit. On prévient le parquet de Sartène.

Qu'était devenu Giovanni? Il avait fui dans la direction de la montagne, blessé à l'aisselle et au genou.

Il fut arrêté, le 6 novembre 1899, par la gendarmerie de Sainte-Lucie-de-Porto-Vecchio, prélude d'autres rafles parmi ses parents et ses proches, en vertu de mandats du parquet, sous l'inculpation d'association de malfaiteurs, de recel, etc. Plus de 400 dossiers sont examinés par le procureur de la République, à Sartène, et une soixantaine d'individus comparaîtront. On est allé empoigner jusqu'à Toulon sa sœur et son beau-frère.

— Ils tenaient donc le maquis au quartier du Mourillon?..

— Ce n'est d'ailleurs que le commencement.

Le fameux bandit Achili fournit, lui aussi, son petit contingent de travail à nos gendarmes et à notre parquet.

On a décidé, en haut lieu, de se débarrasser le plus tôt possible et par n'importe quel moyen de ce dernier spécimen qui, seul avec quelques semblables, forme toute la population du Fiume Orbo, aux environs de Ghisonaccia, où une suprême insurrection tint en échec, sous Louis XVIII, 5000 troupiers, et où la tribu persistait. Père, mère, frères, sœur, cousins et cousines, neveux et nièces, vingt-deux personnes ont été incarcérées jusqu'à présent. De cette façon le bandit, privé de tous ces gens qui lui fournissaient, soit des provisions de bouche ou de guerre, soit des renseignements, ne tardera sans doute pas à tomber dans une des souricières tendues sur ses pas. Alors aura vécu, pour ainsi dire, le banditisme, dans cette partie de la Corse, où se sont déroulés des drames si sanglants, où tous les meurtriers fameux trouvèrent des refuges inexpugnables, indignes héritiers des héros de l'indépendance.

— Car vos brigands, cher hôte, me semblent d'horribles canailles, pillards, assassins.

— Chut!...

J'écoute. Paisible, le bruit de la mer monte jusqu'à nous, dans la pièce close, où ces récits nous tinrent éveillés. Si, pourtant, quelque crosse mystérieuse frappait à l'huis?...

Bast! je suis rassuré. Ces drames se jouent dans des montagnes que je n'escaladerai pas, le long de routes que je m'épargnerai, et Propriano sera bientôt un grand port civilisé, avec tramways et lumière électrique. Dormons tranquilles.

Demain matin, avant l'aube, nous serons partis.

X

LES BOUCHES DE BONIFACIO

Quand on peut, comme nous, y arriver au petit jour, par un mistral farouche, elles sont vraiment dignes de leur réputation lugubre, ces « Bouches » qui forment détroit, émaillées de récifs, éclairées de quatre feux. Ici passent les courriers d'Orient, dans un couloir houleux. Aussi les souvenirs abondent.

Racontés sur le pont, par le second de notre steamer, ils prennent de l'allure.

Sur ces rocs des Moines se perdit un paquebot, plein de passagers.

Plus loin, la *Sémillante*, transport d'Etat, allant en Crimée, fut broyée, entraînant un millier de soldats, de marins, dont nul ne réchappa. On a cueilli des cadavres, pendant plusieurs semaines, dont celui du commandant, en grand uniforme, bardé de toutes ses décorations, et celui de l'aumônier, vêtu avec le même soin. La mort ne les a point surpris, mais dans quel drame!... Il est rappelé ici par un petit monument, et à l'arsenal de Toulon par un débris de la poupe, où figurent sept lettres du titre.

Ailleurs, des barques pêcheuses, des tartanes cabotières, des bricks et des goélettes, semèrent leurs membres un peu partout, au pied de ces grèves désertes, abruptes, découpées fantastiquement, que la lumière tremblotante d'une aube timide nous laisse deviner.

Nous avons doublé le Campo Moro, puis cinglé vers le cap de Zivia, extrême pointe occidentale. Entre ces deux dents, les cales d'Agulia, de Conca, d'Avena reçoivent des esquifs, appartiennent à des villages, invisibles sur le plateau. Les Fourches d'Asinao dominent, de leurs cônes jumeaux, ce pays farouche. Elles forment presque le centre de l'île, dont nous longeons la limite sud, laissant les golfes de Mortoli et Roccapina à sénestre, laissant les Moines à dextre. Dans cet instant, la Sardaigne apparaît, ligne vague, car une brume légère l'estompe, et nous nous tenons près la côte. Du cap Feno au cap Pertusato, veillent des lampes, comme on les allume au chevet des trépassés.

Entre eux, le goulet de Bonifacio ouvre sa coupure brutale, qu'on ne voit pas à un mille, et qui s'enfonce en un fiord norwégien, capricieux, très étroit.

Il n'a nulle part son pareil, même en Corse. Le granit y est remplacé par la craie de nos falaises normandes. Des fissures, des grottes, des tunnels, se creusent, inouïs. Le Sdragonato, à lui seul, constitue une merveille : excavation où la mer entre, jusqu'à un gouffre qu'éclaire le soleil, par un soupirail dont les découpures reproduisent exactement, quoique retournée, la carte de l'île. Des pierres se dressent ailleurs, isolées, écumeuses. Un promontoire minuscule porte le fanal de la Madonetta. Dans le nord, se montre le mont de la Trinité, avec son couvent, ses bois, ses grisailles, et son pèlerinage bi-annuel.

Droit dans la passe, la *Ville-de-Bastia* gagne le port clos, applaudie des murs de la citadelle par les soldats qui, nous regardant en costume de corvée, font des signaux aux camarades du bord.

Cette forteresse coiffe tout le surplomb de son enceinte, et complète une ville étrange, bâtie dans le ciel, sur son sol blanc.

Fondée en 828 par Boniface, marquis de Toscane, au retour d'une expédition sarrasine, elle s'émancipa, afin de se livrer à la piraterie.

En 1187, les Génois la surprirent, pendant qu'on y fêtait une noce. Puis elle devint républiquette, que les Aragonais ne purent conquérir, appelés par Vincentello d'Istria, en un siège historique, dont reste un escalier vertigineux, coupé à même la falaise. Une peste y sévit, Charles-Quint y vécut, une armée franco-turque s'en empara, le traité de Cateau-Cambrésis l'en chassa, et Bonaparte y eut sa chambre.

On la distingue dans la citadelle, où se voient aussi deux églises, un cimetière, un puits artésien, plusieurs batteries et une caserne. Elle loge deux compagnies de ligne. Des évêques y ont leur tombeau, et des artilleurs leurs canons. Un poste de torpilleurs complète la défense.

Elle est indigne de ce magnifique refuge, de ce bras de mer, enfoncé à 1600 mètres sous la terre, protégé de partout, où pourraient se réfugier cinq cuirassés, bout à bout, sinon côte à côte.

En face, les Italiens ont, à la Maddalena, une position bien inférieure, mais si fortement aménagée que nul ne les en délogerait.

N'en sortiront-ils jamais, pour nous prendre à revers, pouvant débarquer n'importe où, en ce Gibraltar?

Quant à sa voisine, la rade de Porto-Vecchio, belle comme

Brest ou Toulon, à huit lieues dans l'est, sous les frondaisons séculaires de la forêt dell'Ospedale, les projets abondent également. Afin de la transformer, quelques dragages enlèveraient les alluvions de l'Oso et du Stabiacco. Les îles Cerbicales, débris d'une chaîne sous-marine, veilleraient sur l'entrée, large d'un kilomètre. Tout le porphyre rose que les Génois abandonnèrent, après en avoir tiré des remparts dont ne reste qu'un bastion, se trouve à la portée des ingénieurs. Nenni, Porto-Vecchio agonise, avec ses 3000 âmes, comme Bonifacio se morfond, avec ses 3700.

On le classe néanmoins parmi les places fortes de seconde classe, à cause des murs moyen âge qui l'enveloppent, toujours amusants par la dégringolade des galeries couvertes et percées de meurtrières, imposants aussi par leurs blocs énormes et leurs courtines intactes.

Du quai de la Marine, où le paquebot s'est acculé, virant non sans peine, dans la petite rade, qu'il écornait de la proue et de la poupe, de cette Marine aux logis tassés, je monte vers une estampe, par un chemin muletier aux degrés déchaussés.

Une route tourne, charretière, mais moins pittoresque, quoique plus coûteuse.

Nous arrivons au fossé, que le pont-levis enjambe. C'est en réalité une arête étroite, laissant en arrière la plaine qui se dentelle comme à plaisir, jusqu'au cap Pertusato. De l'autre côté de la porte, une seule rue droite mène à la place de Fondaco. Des venelles s'en vont, vers le sud, buter à l'abîme, qu'un parapet ourle, en une terrasse encombrée d'ordures et de débris. La route longe au dehors la face nord, avant de rejoindre le même but, à l'entrée de la Citadelle.

— Peut-on pénétrer, factionnaire?...

— Demandez l'autorisation au commandant.

Il me l'accorde, ravi d'être dérangé par un Parisien, en cet exil, et il me recommande les curiosités.

L'église Saint-Dominique date du XIIIe siècle et des Templiers; l'église Saint-François date du XIVe siècle et renferme les tombes épiscopales; la chapelle Notre-Dame-de-Bon-Secours contient simplement une Vierge de marbre.

— Voulez-vous voir les tapisseries? offre un prêtre.

Propre, la soutane soignée, c'est un homme encore jeune, à physionomie énergique, de taille moyenne. D'une commode, il extirpe les tiroirs, où sont rangés de riches ornements pastoraux, vieux de plusieurs siècles. Je lui cause. Il me parle de sa jeunesse, de ses études sacerdotales, d'un long séjour à Rome. En ces yeux brûle une flamme d'ambition et de regret, car il n'était pas destiné à ce ministère local.

— Si j'étais resté là-bas, je serais devenu évêque. Mes parents m'en ont empêché. Quand Dieu me fera la grâce de rappeler à lui ma pauvre mère, je retournerai au Vatican.

O Corse, de la race des cardinaux, des maréchaux, des empereurs, te voilà bien!...

Mais un artilleur plus prosaïque, simple brigadier, nous reprend, nous promène, nous guide à travers les batteries, nous ouvre une porte sur le gouffre.

L'escalier du roi d'Aragon, encore praticable, dévale d'un trait vers d'horribles récifs, où déferle le flot courroucé.

Irons-nous aux grottes marines, au Sdragonato, aux cavernes énormes qui percent la presqu'île de part en part? — Non.

Le mistral souffle toujours, et pas un batelier ne consent

38

BONIFACIO.

à se risquer au delà du fiord, que des rides frôlent, à l'entrée duquel on entend déferler lourdement les lames. A l'extrémité de la presqu'île, le sol tremble. Les embruns couvrent le roc de la Madonetta, éclaboussent la petite chapelle isolée, retombent et s'enroulent sur eux-mêmes. De gros nuages cachent les villages sardes. Pas un navire ne se hasarde dans les Bouches aux dents trop aiguës, et le nôtre se cache avec soin. Serions-nous emprisonnés?

J'ai dit comment la plus proche gare de ce chemin de fer est à Ghisonnaccia, et je me trouve dans la commune française la plus méridionale de toutes, celles d'Algérie étant exceptées.

Les Bonifaciens, très patriotes, se résignent à savoir, cinq jours après, ce qu'en pensent les journaux parisiens, et, deux jours plus tard, ce qu'en écrivent les feuilles départementales, car ils ne se montrent même pas criards.

Les Bonifaciens renient la Corse, se proclament autonomes, ignorent la vendetta, cultivent la terre, produisent et commercent, vivotent et se suffisent.

Les Bonifaciens se contentent enfin de puiser l'eau potable à deux kilomètres, recevoir leurs lettres par les palaches, saluer un steamer chaque quinzaine.

Pourtant on y fabrique vingt-quatre millions de bouchons par an. Ailleurs, une compagnie immobilière a loué un domaine, sur lequel échafaudent de surprenantes émissions continentales. Le jour, la ville étroite se vide. Chacun descend du rocher avec son bourriquot, pour aller aux champs. Le retour a lieu au crépuscule. C'est alors une procession pittoresque d'ânes et de gens, qui s'élèvent par les chemins grimpeurs, dans la rougeur du couchant.

XI

JOIES DU RETOUR

Dans la nuit, le vent semble s'être apaisé. Une sonnerie de réveil-matin nous jette hors du lit. Il est trois heures. En ce moment, où Paris s'endort à peine, Bonifacio ronfle à poings fermés, la *Ville-de-Bastia* largue ses amarres. Il nous faut dévaler, sous peine de demeurer sur cette falaise cocasse.

L'hôtelier, habitué à ces exodes extravagants, laisse les voyageurs libres en son immeuble, portes ouvertes. Sur la nappe de la petite salle à manger, les restes du dîner sont en panne, les serviettes en boule, l'argenterie en désordre. N'importe qui pourrait s'en aller avec, ou les passants venir la chercher de la rue. On ignore ici le cambriolage.

Par la route charretière, sous les étoiles, nous descendons, le long des murs de la ville, le long du trou vertigineux. Un bruit de vagues monte vers nous. Le vent tourne à l'ouest.

Puis nous voici près la poterne franchie hier, du pont-levis séculaire, du coin où se sont battues les armées d'Aragon impuissant.

Par la ruelle mulctière, nous dégringolons à la Marine, tâtant les marches de nos bâtons, car il fait noir. A un tournant, le steamer surgit, feux allumés. La respiration de la machine résonne sourdement. Les câbles sont relâchés. Il faut atteindre la coupée par le canot, formant passerelle.

Sur le pont, personne. Un couple allemand, qui nous suit depuis Ajaccio, qui y revient, préféra demeurer dans sa cabine. D'autres se sont embarqués, dès la veille au soir, peur de manquer. Le second donne ses ordres.

Ayant pivoté en arrivant, le navire n'a plus qu'à remonter l'ancre. La grue à vapeur s'y emploie, tapageusement. Un coup de timbre commande sur la dunette, l'hélice tourne, et, dans les ténèbres, nous propulse doucement, entre les murailles crayeuses, où la citadelle s'estompe.

Une houle silencieuse nous berce. Tout à coup, la porte s'ouvre, la mer nous empoigne, les flots attaquent le bastingage. Bigre, nous ne nous y attendions plus !

Cette Méditerranée a des traîtrises déconcertantes, et il y a là-haut, dans l'église de Sainte-Marie-Majeure, sous la porte à deux clés d'une armoire de fer, un morceau de la vraie croix, spécialement destiné à l'apaisement des tempêtes. On le promène trois fois l'an, le Vendredi saint, le 3 mai, le 4 septembre. Mais si le détroit se soulève, si les lames donnent l'assaut au rocher, les notables préviennent le maire, qui appellent le curé, et tous ensemble, curé, clergé, maire, notables, peuple, suivent la relique sur la Manichella, du haut de laquelle on bénit la mer. Elle me bouscule céans, sans me permettre d'assister à la cérémonie.

Voici que les phares se groupent : celui de la Madonetta, celui du cap Pertusano, celui des Maures, celui de Sardaigne. Pas une voile, pas un falot ne peuplent la route. Je me couche à l'arrière, au-dessus du gouvernail, guettant l'aube, et mon front, au niveau du bordage, s'éclabousse parfois, dans les bonds d'un tangage fou, qui m'élève, qui m'abîme, délicieusement cahoté.

A mes pieds, un homme, fumant sa pipe, semble me veiller, ami inconnu, passager muet, ou simple matelot en vigie.

Afin de regagner le nord, il faut en effet remesurer la distance parcourue. Elle serait fastidieuse, si ces côtes ne demeuraient étranges, saisissantes, toujours. L'île sarde forme une ligne noire, à mesure que le ciel blanchit. Des marsouins cabriolent, autour de nous, qui cabriolons aussi, mais sans envie, car le steamer balance de bout en bout, telles ces idoles chinoises remuant leur tête en cadence.

Trois marins sont mes compagnons, sur le pont. Ils regagnent Ajaccio, ayant accompli leur période d'instruction militaire, aux torpilleurs de la station bonifacienne. J'apprends ainsi l'existence des vingt-huit et des treize jours parmi ces troupes, qui les ignorèrent autrefois. Ces gens ne s'en plaignent point, sauf le désagrément de quitter leur barque, étant patrons de pêche.

Le temps passe. D'autres montent, auprès de nous. Ce courrier emmène plusieurs soldats, qui témoigneront à Marseille, devant le conseil de guerre, dans une affaire de vol; en outre, d'un gendarme languedocien, qui regagne le continent, accompagné de sa femme et de deux enfants. Les soldats sont gais, le gendarme est triste.

Parmi les premiers un luron fait des folies, afin de rassurer les camarades, cassés par le mal. Serait-il d'Armorique ou de Flandre, ce naute en godillots?... Non pas, c'est un Parisien.

Quant au gendarme et à son épouse, ils m'apitoient. Chacun prit un bébé sur les genoux. Tous sont atteints. Rien n'est plus ridiculement triste que ce visage navré de militaire moustachu, penché vers le petit être, l'enveloppant de ses bras, le couvrant, le couvant presque, blotti contre un tas de marchandises qu'arrosent les écumes.

Nous avons stationné derechef à Propriano, au fond du joli golfe bleu, le temps d'emmagasiner des colis et de déjeuner sur le pouce, de merles, d'œufs et de vin blanc. Puis on part vite. Nous avons encore à doubler le cap qui nous sépare de l'échancrure ajaccienne.

Nous tanguons et balançons à plaisir.

Mon gendarme, mes soldats, mes marins sont demeurés là, navrés, vivaces ou soupirants. Le couple allemand est monté. Brusquement, dans une oscillation, un coq échappé tombe à l'eau, et la dame germanique roule avec son banc sur le plancher. On laisse se noyer la volaille, mais on rattrape la passagère. Elle rentre à Ajaccio, entre nos deux mathurins, la calant avec un sourire moqueur, lequel ne déride point sa face vexée.

Le retour a des ironies : c'est le *Bocognano* qui nous a amenés, et c'est lui qui nous reconduit. Arrivé, le matin, de Marseille, il part, le même soir, pour Nice. On ne laisse pas les navires moisir, dans cette escale. Est-ce un exemple à donner aux marines de guerre, qui arment, désarment, aussi souvent à tort qu'à travers?...

Durant qu'on appareille, nous accomplissons une dernière promenade dans la ville. Elle me plaît sincèrement, propre, claire, ensoleillée. Sur ses quais, errent des promeneurs, pêle-mêle avec les badauds du cru. Ceux-ci sont peut-être trop nombreux, mais ceux-là ne le sont assurément pas assez. J'en reviens à mon idée : ce pays est superbe. Avec des services rapides et réguliers, quelques railways en chaque sens, de la réclame habile, il attirerait. Ce n'est donc qu'une question d'argent, d'initiative et de méthode. Mon seul regret sera de quitter l'île, sans la battre entièrement.

Le navire s'en va, dans la nuit close, la belle nuit semée de clous d'or. Il double la citadelle, se dirige vers le nord-ouest, gagne le large. Le phare des Sanguinaires nous guide, le mistral nous reprend, les cabrioles recommencent. Bientôt nous aurons devant nous la mer seule, avec la lune au ciel.

Ému, car je ne reviendrai sans doute jamais sur ces pas, je regarde fuir la rive, où les montagnes projettent leur grande ombre. Au jugé, on devine là-bas le quartier des Morts, le joli cimetière où chacun inhume les siens librement, sous les mausolées coiffés d'un toit plat. Devant, sont les petites grèves, cailloutées de bleu, de vert, de rose. Combien doivent se sentir heureux et calmes, les trépassés qui dorment en un pareil cadre, du sommeil dont on ne se réveille plus !...

La vie nous emprisonne, nous autres, jalouse et fébrile, en attendant que nous allions pourrir dans quelque nécropole banale, capharnaüm de tombes vaniteuses, qui luttent encore, côte à côte, entassées sous la surveillance des gardes assermentés, indifférentes aux vivants.

Je me suis promis de monter sur le tillac, avant l'aurore. Il faut me prendre moi-même au collet. La fatigue vous abat, en la couchette égalitaire. Néanmoins, à cinq heures, je suis près du commandant, en haut de la dunette.

La mer bat dur, mais l'horizon demeure d'une transparence absolue. En arrière, la Corse se dessine encore. En avant, la terre surgit. Ce sont les Alpes liguriennes, qui se dressent, qui se tassent, qui se bousculent, qui se multiplient, superbes, éblouissantes de neiges, telles des vierges.

Lorsque du sommet du Pilatus (1), nous guettâmes le lever du soleil, c'était ce spectacle que nous voulions contempler, très moutonnièrement. Alors, juillet offrait ses séductions. Maintenant, nous sommes en mars. Dans cette contrée bénie, mars est plus propice que juillet ne l'est en Suisse au poète matinal.

Lentement, les cimes se rapprochent. Je les distingue à présent, toujours groupées, moins embrouillées. Une couleur douce d'aube tendre les environne. Le soleil y monte, avant de sortir des flots.

Hourra ! il surgit. Son disque est d'abord un point, puis un demi-cercle, puis un globe entier. Apollo, dieu du monde, s'échappe des bras d'Amphitrite.

— Vous voyez ce plateau ? me demande le pilote.

— Oui.

— C'est Monaco.

Monaco, la ville enchantée, capitale du hasard ; Monaco s'imprègne de lumière avec Monte-Carlo, temple

(1) Lire *Au Pays des Lacs*, du même auteur.

de la roulette. Toutefois le pilote se trompe. Ce que signale la longue-vue, c'est la plate-forme du mont Agel, hérissée de nos canons, qui veille en plein air, sur la terre française. Le drapeau flotte, imperceptible et tricolore, à onze cents mètres d'altitude, dans la splendeur du ciel.

Pourtant les détails se précisent. L'astre s'élève rapidement. Il enveloppe de ses rayons la région semée de fleurs. Beaulieu, Villefranche, Menton, San-Remo, se détachent. A gauche, le feu du cap d'Antibes s'éteint.

Ces croupes vertes sont celles de l'Estérel, et ces maisons blanches sont celles de Cannes. Une tache dénonce le donjon de Saint-Honorat. Grasse se laisse contempler, à flanc de coteau, et Vence, et Saint-Jeannet, s'adossent contre les murailles du Var.

Sur des cimes diverses, les villages étonnants ont l'allure de joujoux grimpés : Eze, La Turbie, Berre, Châteauneuf, Gourdon, Carros, Gattières, Aspremont.

Je les nomme au matelot, qui cherche simplement une bourgade cotière, où il possède des amis. Chacun d'eux évoque en moi un souvenir. Oh ! vivre ici, sans souci, loin du brouillard, à l'abri d'un oranger, devant l'incomparable azur !...

Maintenant, je me retourne. La Corse a disparu, sous les vagues. L'enchantement est terminé. J'en emporte du moins l'inoubliable vision.

Demain, rentré à Paris, nous causerons volontiers de la Vizzavona poudrée à frimas, de Bellacoscia en ses domaines, du goulot de Bonifacio et du golfe d'Ajaccio.

Nous conserverons en nous, pour nous seul, le meilleur du rêve, ce qui ne s'exprime ni ne se partage avec autrui, l'essence du voyage, et nous goûterons le plaisir de la respirer, portes et lèvres closes, comme un parfum défendu et merveilleux.

ÉPILOGUE

FIN DE RÊVE

Carnaval étant brûlé, Nice se vide. Aujourd'hui, la gare ressemble à une kermesse qui déménage. Dans les trains, tous dédoublés, on s'entasse, on s'écrase, on se pénètre. Auparavant, je voudrais pousser jusqu'en Italie; mais je n'en ai pas le temps.

Vintimille, gare frontière, est séparée encore de celle-ci par plus de trois kilomètres.

Vintimille pourtant, quoique plus près de nous que San Remo, a bien davantage le cachet piémontais. On y rencontre des soldats, des factionnaires, des canons. Toutefois les murs mêmes appartiennent plutôt à l'archéologue qu'au tacticien.

Vintimille enfin, escaladant une montagne, n'a jamais eu grande importance. Elle semble braquée surtout contre son pays. Des forteresses plus hautes assurent ailleurs la sécurité.

Quant au touriste, lorsqu'il a grimpé par des rues pittoresques, il atteint une façon de jetée-terrasse, qui domine la Méditerranée; qui laisse l'esprit s'envoler loin, bien loin, par-delà l'horizon, borné sur les côtés.

Ceux qui, nombreux dans les Alpes-Maritimes, voulurent venir jusqu'ici, afin de se dire qu'ils avaient pénétré en Italie, ne sauraient franchement se vanter de l'intrusion. Elle leur montre une ville banale, sans un monument, sans un souvenir, ayant juste la valeur d'une station intermédiaire. La gare seule y importe, quoiqu'elle ait perdu beaucoup de son trafic. Je me demande d'ailleurs où on ferait désormais passer les trains.

Non, je n'irai pas. Comme on chante dans la *Fille du Régiment*, il faut partir, partir, hélas!... Des nuages blancs courent sur le ciel, vers le nord. Je vais les suivre et les retrouver là-bas, non plus cotonneux, légers, charmants, mais gris, mais laids, mais chargés de ces féroces ondées de mars, qui sont des giboulées.

Le devoir m'appelle, les express sifflent l'exode général de toute cette population frivole, qui vit ici dans un paradis et ne sait même pas le conserver. Soyez sûrs que, si j'avais la fortune et ne me sentais utile ailleurs, jamais je ne quitterais cette côte avant mai. Je voudrais voir l'éclosion de toute cette nature, tous les arbres en feuilles, et les fleurs épanouies toutes.

Après quoi, je prendrais un train flâneur, qui m'emmènerait en Suisse, aux rives d'un de ces lacs merveilleux que nous traversons en toqués; ou en Dauphiné, parmi les cimes blanches, les eaux claires, les gorges profondes; voire en Bretagne, patrie des dolmens et des falaises que battent furieusement les ras de marée.

Qu'est-ce qui les oblige, tous ces oisifs, à n'aller rien faire dans leur province pluvieuse, ou à s'enfermer en notre Paris boueux? Les heureux du monde ne savent point jouir de leur bonheur.

C'est sans doute un bien, une justice, la revanche

des autres, de ceux que le labeur quotidien ramène à la chaîne.

Me voilà dans mon compartiment. Ce qui s'en va, dans le train 8, à travers les ténèbres, c'est aussi l'intimité, la vie étroitement unie, ce qu'ailleurs on ne goûte jamais pareillement, pris par les nécessités, les consignes, les ennuis multiples. Nous avons parcouru bien des contrées bénies, mis nos pas communs sur des cimes orgueilleuses, beaucoup vu et admiré. Nulle part nos âmes ne se sont comprises comme sur cette berge admirable, devant cette Méditerranée, au milieu de cet enchantement.

Terre fertile en poètes, je t'ai jugée par nous-même à ta valeur. Lugubre, la locomotive siffle, hurle, appelle, semble se plaindre. Elle est pourtant sûre, elle, de ne pas dépasser Marseille!...

La plage sablée du golfe Juan nous berce de ses vagues, des talus se présentent, Cannes se montre une dernière fois. Nous contemplons ses lumières qui se reflètent dans l'eau, et nous rencoignons, navrés, ne voulant plus rien voir, ni rien entendre, ni rien espérer, tandis que, clamés, des noms repassent, que nous saluions à la venue avec ravissement : Saint-Raphaël, les Arcs, Toulon. L'express file, file. Le bercement de la marche calme le chagrin, clôt les paupières. Marseille n'est plus qu'une occasion de recevoir des valises dans les jambes.

Absurdes, des voyageurs montent, des voyageurs descendent. La gare seule bouge, en la ville entière. Elle disparaît à son tour. Maintenant, plus d'illusion!... Le convoi monte au nord, tout droit, sans hésitation. Chaque section franchie nous laisse un peu de bleu en moins.

A l'aube, Tarascon se dessine, indécis, sous le talus de la voie ferrée. Là nous recevons d'autres revenants, ceux d'Espagne, qui arrivent par Cette et Montpellier. On les accroche derrière nous. La machine emporte tout.

A Avignon, il fait jour. Les rives du Rhône se montrent, s'effacent, se rapprochent. Il a plu, beaucoup plu. La campagne comporte des flaques significatives. Je me sens plus triste encore.

On déjeune à Dijon, en vingt minutes, et on ne stoppe plus qu'à Laroche, pour des raisons de service. Dans la forêt de Fontainebleau, il y a de la neige. Les quais de Melun sont sous l'eau. Paris nous engloutit, la nuit revenue.

— Un fiacre, monsieur?

Pourquoi pas un corbillard?... Dans l'alignement des réverbères clignote une tristesse. La corne des tramways navre mon cœur.

L'existence, certes, ne saurait consister exclusivement dans des haltes embaumées, au pays du soleil. Il faut jouer son rôle, ici-bas. Pourtant, qui refuserait au passant le droit de jouir parfois des choses qui sont belles et des joies qui sont pures?... Parmi les unes et les autres, celles que je goûtai là-bas m'y ramèneront chaque hiver, comme le miroir attire l'alouette.

La Provence est une ensorceleuse, que nul ne peut plus fuir, dont nul ne se détache, lorsqu'il l'a connue. Je n'en nie point les côtés vilains, le rastaquouérisme et le cosmopolitisme, la roulette et la corruption. Mais en souffre qui veut, l'hivernant ayant toujours le droit de s'isoler davantage encore, à chaque voyage.

Un jour viendra peut-être où je serai cloué à Paris par

des besognes exclusives. Vienne-t-il le plus tard possible!... Il se présentera toujours assez tôt pour renverser le nid et empêcher l'envolée.

Les horizons, les flots, les villes, nos cœurs, tout était bleu, bleu, bleu!...

FIN

TABLE DES MATIÈRES

PREMIÈRE PARTIE. — Paris-Lyon-Méditerranée.

DEUXIÈME PARTIE. — Mer de Provence.

TROISIÈME PARTIE. — La Côte d'Azur.

QUATRIÈME PARTIE. — Tour de Corse.

9099-00. — CORBEIL. Imprimerie ÉD. CRÉTÉ.

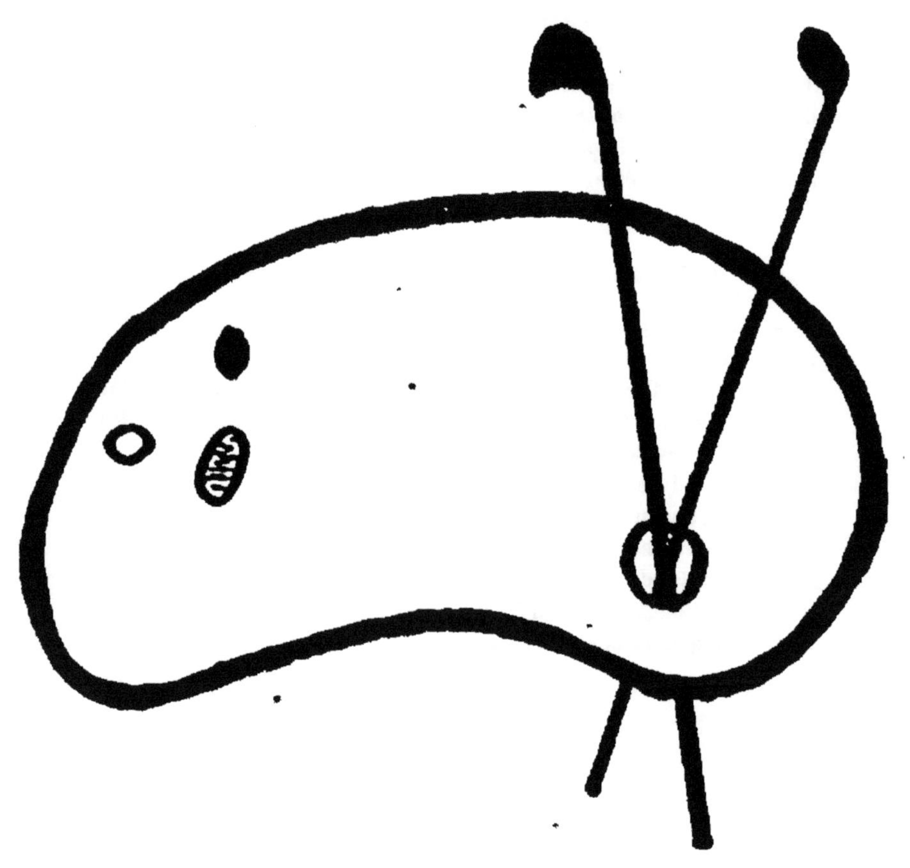

www.ingramcontent.com/pod-product-compliance
Ingram Content Group UK Ltd.
Pitfield, Milton Keynes, MK11 3LW, UK
UKHW012157240726
13966UKWH00002B/401

9 782012 878921